走进大自然

菌类植物

王　艳⊙编写

U0345828

吉林出版集团股份有限公司

图书在版编目（CIP）数据

走进大自然．菌类植物 / 王艳编写．－－ 长春 ：吉林出版集团股份有限公司，2013.5

ISBN 978-7-5534-1603-8

Ⅰ．①走… Ⅱ．①王… Ⅲ．①自然科学－少儿读物②菌类植物－少儿读物 Ⅳ．①N49②Q949.329－49

中国版本图书馆CIP数据核字(2013)第062693号

走进大自然·菌类植物
ZOUJIN DAZIRAN JUNLEI ZHIWU

编　写	王　艳	
策　划	刘　野	
责任编辑	李婷婷	
封面设计	贝　尔	
开　本	680mm×940mm　1/16	
字　数	100千	
印　张	8	
版　次	2013年 7月 第1版	
印　次	2018年 5月 第4次印刷	

出　版　吉林出版集团股份有限公司
发　行　吉林出版集团股份有限公司
地　址　长春市人民大街4646号
　　　　邮编：130021
电　话　总编办：0431-88029858
　　　　发行科：0431-88029836
邮　箱　SXWH00110@163.com
印　刷　湖北金海印务有限公司

书　号　ISBN 978-7-5534-1603-8
定　价　25.80元

目　　录

Contents

植物界基本类群的划分

菌类植物

　　在地球上，自从生命产生至今，经历了近35亿年的漫长发展与进化历程，形成了约200万种的现存生物，其中属于植物界的生物有30多万种。在距今35亿年的太古地层中，就发现了菌类和藻类的化石。大约在距今4亿多年前的志留纪，具有真正维管束的植物出现，植物摆脱了水域的束缚，将生态领域扩展到陆地，为大地披上了绿装，也促进了原始大气中氧气的循环和积累。

　　植物界包括藻类植物、苔藓植物、蕨类植物、裸子植物和被子植物等。绿色植物借光合作用以水、二氧化碳和无机盐等无机物，制造有机物，并释放出氧。非绿色植物分解现成的有机物，释放二氧化碳和水。有些植物属于寄生类型，依靠寄主生存。植物的活动及其产物同人类的关系极其密切，是人类生存必不可少的一部分。

光合作用

光合作用是绿色植物利用太阳光能，将二氧化碳和水合成有机物质，并释放氧气的过程。地球上一切生物的生命活动不仅需要有机物质，而且消耗大量能量，而这些物质与能量绝大多数是由绿色植物通过光合作用提供的。

寄生植物

寄生植物以活的有机体为寄主，从寄主取得其所需的全部或大部分养分和水分。寄主被寄生植物寄生后，常常出现矮小、黄化、落叶、落果、不开花、不结实等现象，最终死亡。寄生植物主要有槲寄生、桑寄生、菟丝子、列当、肉苁蓉等。

绿色植物的环保作用

绿色植物能够净化污水，消除和减弱生活环境中的噪声，防风固沙，保持水土，涵养水源，吸收有毒物质，杀灭细菌，检测居住环境中的甲醛、二氧化硫、氯、氟、氨等气体污染。

绿色植物

菌类植物的定义

腐生植物

菌类是个庞大的家族，已知的菌类有9万多种，绝大部分属于担子菌亚门，只有少数属于子囊菌亚门。它们无处不在，在水、空气、土壤以至动植物的身体内均可生存。

菌类植物是植物界的低级类群，一般不具有叶绿素等色素，以寄生和腐生方式摄取有机物质，是以异养生活方式为主的原核生物或真核生物，结构简单，没有根、茎、叶等器官。生殖器官多为单细胞结构，合子不发育成胚。蕨类植物营养生长阶段的结构称为"营养体"。绝大多数菌类植物的营养体都是可分枝的丝状体，单根丝状体称为"菌丝"。许多菌丝在一起统称为"菌丝体"。菌丝体在基质上生长的形态称为"菌落"。菌丝在显微镜下观察时呈管状，具有细胞壁和细胞质，无色或有色。菌类植物包括细菌、黏菌和真菌三大类。黏菌和真菌是两类彼此并无亲缘关系的生物，其中黏菌是介于动物和真菌之间的生物。

藻类植物

藻类植物是比较原始的一类低等植物，含有光合色素，依靠自养生活，广泛分布于世界各地，主要分为蓝藻门、裸藻门、绿藻门、金藻门、甲藻门、红藻门和褐藻门。

苔藓植物

苔藓植物是结构简单的原始陆生高等植物，植株矮小，构造简单，较高等的类型有类似茎和叶的分化，没有真正的根，大多数种类生活在潮湿的环境中，分为苔纲、藓纲。

附　　生

一种生物在另一种生物的表面生长，或依附另一种生物生存，这种关系称为"附生"。附生植物一般不跟土壤接触，而是附着在其他植物茎和枝上，以腐殖质为生，常见于蕨类植物和兰科植物。

菌类植物

原核生物与真核生物

　　病毒、细菌、立克次体、螺旋体、支原体、放线菌和蓝藻等比较原始的生物，通称为"原核生物"。它们的核质和细胞质之间不存在明显的核膜；染色体由核酸组成，分散在细胞质中；不具有完全的细胞器官，主要通过分裂繁殖，如细菌、蓝藻、支原体和衣原体。原核生物拥有细菌的基本构造，除了支原体，其余的都有细胞壁。原核生物极小，用肉眼看不到，须在显微镜下观察。多数原核生物为水生，它们能在水下进行有氧呼吸，是地球上最初产生的单细胞动物。

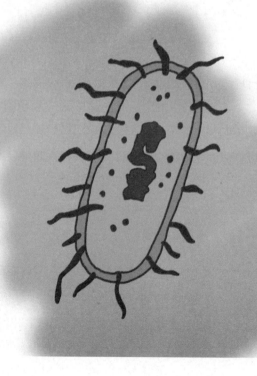

菌类植物

6　　细菌

核质与细胞质之间存在着核膜的生物，通称为"真核生物"。真核生物由真核细胞构成，包括原生生物界、真菌界、植物界和动物界。它们的染色体由脱氧核糖核酸、组蛋白、非组蛋白等构成。细胞内含有细胞核，许多真核细胞中还含有其他细胞器，如线粒体、叶绿体、高尔基体等。

支原体

支原体是一种没有细胞壁的原核生物，不能维持固定的形态，细胞膜中胆固醇含量较高，对许多抗生素具有抗性。很多支原体可以致病。

菌类植物

线粒体

线粒体是一种细胞器，圆球状、短棒状、环状、线状，由水、蛋白质和脂质等构成，能为细胞的各种生理活动提供能量。有些细胞具有数千个线粒体，有些细胞只有一个线粒体。

高尔基体

高尔基体是真核细胞中内膜系统的组成部分之一，具有分泌的功能，由扁平膜囊、大囊泡、小囊泡三部分组成，常分布于内质网和细胞膜之间。

放 线 菌

菌类植物

　　放线菌是原核生物的一个类群，因菌落呈放线状而得名，在自然界中分布很广，主要以孢子繁殖。放线菌与人类的生产和生活关系极为密切，目前广泛应用的抗生素约70％是各种放线菌所产生的。一些种类的放线菌还能产生各种酶制剂、维生素和有机酸等。

　　大多数放线菌有发达的分枝菌丝。菌丝纤细，直径与细菌相似，小于1微米，主要功能是吸收营养物质，分为营养菌丝和气生菌丝。放线菌在气生菌丝上分化出可产生孢子的孢子丝。孢子丝的形状及其在气生菌丝上的排列方式，随种类不同而有差异，有的直伸，有的弯曲或螺旋；有的交替着生，有的轮生或丛生。成熟的孢子丝上产生成串的分生孢子。孢子的表面结构、形状及颜色在一定条件下比较稳定，是鉴定菌种的重要依据。放线菌以无性孢子和菌体断裂方式繁殖，绝大多数为异

菌类植物

8

养型需氧菌，有的种类可在高温下分解纤维素等复杂的有机物质。重要的属有链霉菌属、小单孢菌属和诺卡氏菌属等。大多数放线菌是好气的，只有某些种类是微量好气菌和厌气菌。

基内菌丝

基内菌丝匍匐生长于营养基质表面或伸向基质内部，像植物的根一样，具有吸收水分和养分的功能。有些基内菌丝还能产生各种色素，把培养基染成各种颜色。

气生菌丝

气生菌丝是基内菌丝长出培养基外并伸向空间的菌丝。在显微镜下观察时，一般气生菌丝颜色较深，比基内菌丝粗；而基内菌丝色浅、发亮。有些放线菌气生菌丝发达，有些则稀疏，还有的种类无气生菌丝。

孢 子 丝

当气生菌丝发育到一定程度，其上分化出可形成孢子的菌丝称为"孢子丝"。放线菌孢子丝的形态多样，有直形、波曲、钩状、螺旋状、一级轮生和二级轮生等多种，是放线菌定种的重要标志之一。

菌类植物

原核生物的演化

在地史上原核生物出现最早，在距今35亿至33亿年前就产生了厌氧的细菌，现代生存的原核生物主要包括细菌、放线菌、古细菌和原绿藻等。早期地层记录中的生命痕迹主要属于古细菌和真细菌。古细菌是一类特殊的原核生物，它们往往生活在厌氧的沼泽、盐湖和酸性温泉或动物消化系统等极端环境中。真细菌分布非常广，在其细胞结构上往往有一些特化的鞭毛或纤毛，以利于这些细小生物适应潮湿的环境或附着在一些特殊有机体的表面。从原核生物演变成真核细胞后，真核生物沿着几条不同的路径发展，其中3条路径最为明确，即植物状的

平菇

自养生物（藻类）、动物状的异养生物（原生动物）和真菌状的异养生物（黏菌类），这3条路径分别演化产生了植物界、动物界和真菌界。真菌化石最早出现于前寒武纪，但除了真菌孢子化石在中新生代地层中比较常见外，它们的菌丝体主要保持在一些黑色燧石层和某些藻化石体内。

古细菌

古细菌是一类原始的古生物类群，是原核生物，没有真正的核，分布于热泉水、盐水湖、火山口、沼泽、废水等极端环境中，具有多种代谢类型，具有原核生物的特征，也具有真核生物的特征。

菌类植物

真细菌

真细菌是指除古细菌以外的所有细菌，多数为单细胞生物，球形、卵圆形、杆状、螺旋状，具有细胞壁，包括链球菌、大肠杆菌、乳酸菌等，分为有益菌和有害菌两大类。

原绿藻

原绿藻是原核生物，为单细胞生物，呈草绿色，球形，直径为8～12微米，不具有细胞核和叶绿体，常聚生在海生壳状动物体上，或与海鞘类动物共生。

异养与自养

　　不能直接把无机物合成有机物，必须摄取现成的有机物来维持生活的营养方式，称为"异养"。异养生物以外来的有机物作为碳源，以无机物或有机物作为氮源，某些种类甚至要求不同的生长因子，通过氧化有机物获得能量，分为腐生和寄生两类。腐生生物包括枯草杆菌、黑曲霉、链霉菌、酿酒酵母；寄生生物包括结核杆菌、小麦黑穗病菌等。异养植物包括列当、菟丝子、真菌等。

　　完全不要求有机化合物作为营养，在必需无机养分存在的情况下，对作为碳源的二氧化碳进行还原同化，合成细胞内所有的有机代谢物而进行整个的生活活动的营养方式，称为"自养"。自养生物以二氧化碳作为主要或唯一的碳源，以无机氮化物作为氮源，通过细菌光合作用或化能合成作用获得能量，包括紫色硫细菌、硝化细菌、硫化细菌等。自养植物包括绿色植物、光合细菌、硫细菌、铁细菌等。

在许多环境中，自养与异养并没有明显的界限，两者有时可以同时进行，如槲寄生和食虫植物等。部分绿藻、许多光合细菌和化学合成细菌，随着条件的不同，也很容易以异养来进行生长。

硝化细菌

硝化细菌分布于有氧的水体或土壤中，属于好氧性细菌，包括亚硝化菌和硝化菌，杆状、球状或螺旋状，能够参与氮循环，从而净化水质，存活需要水分和含量较高的氧气。

硫化细菌

硫化细菌广泛分布于水体或土壤中，进行自养生活，能将硫化物氧化成硫化物，例如将金属硫化物氧化成硫酸，在这个过程中获得能量。土壤中的硫化细菌能为植物提供可利用的硫素营养。

光合细菌

光合细菌是指利用光能和二氧化碳维持自养生活的细菌，是地球上出现最早的原核生物，广泛分布于自然界中，能在有氧气、没有光照，或没有氧气、有光照时进行光合作用，但这个过程不产生氧气。

菟丝子

寄生与腐生

　　一种生物生活于另一种生物的体内或体表，并在代谢上依赖于后者而维持生命活动的生活方式，称为"寄生"。前者通常较小，称为"寄生物"；后者一般较大，称为"宿主"。寄生性植物主要包括菟丝子和桑寄生等。

　　生物从已死或腐烂的动植物组织或其他有机物质获得营养，以维持自身正常生活的生活方式，称为"腐生"，如大多数霉菌、酵母菌、细菌和放线菌，以及少数的高等植物等。土壤腐生物为腐烂和矿化作用的主体，是物质循环的必要物质。腐生物产生的酶和有毒物质能破坏活细胞，因此在适当条件下，也可兼营寄生。

　　寄生生物从动植物的活体中吸取养料，腐生生物从动植物的尸体或无生命的有机物质中吸取养料。也有一些种类的生物

在一生中寄生和腐生兼而有之，以寄生为主兼行腐生的，称为"兼行腐生"；以腐生为主兼行寄生的，称为"兼行寄生"。

腐 生 菌

　　腐生菌是指能够分解生物残体或其他有机物质，从而获得营养用于生长发育的微生物，在地球的物质循环中具有重要作用，包括自然界中的大部分微生物，例如细菌、放线菌、霉菌等。

代　　谢

　　代谢是指生物体内物质和能量交换的过程，包括发生于生物体内的用于维持生命的一系列有序的化学反应，这些反应进程使生物体能够生长和繁殖。代谢分为分解代谢和合成代谢两大类。

物质循环

　　物质循环是指生物与生物之间、生物与环境之间循环的过程。生态系统的物质循环分为水循环、气体循环和沉积循环三大类。生态系统中的物质循环，在自然状态下，一般处于稳定的平衡状态。

菌类植物大多是腐生植物

15

菌类植物的分布

　　菌类植物通常生长在阴暗的落叶下、腐烂的树木里或土壤中。在大多数情况下，它们的子实体会长出地面。植物通过叶片从阳光中吸取能量，制造供给自身生长的营养，菌类没有这种能力。菌类植物具有再生快、生长时间短的特点。夏季牛肝菌生长在落叶林里，牛肝菌与树林的关系是一种共生关系。菌类植物主要分布于热带、亚热带、暖温带。人类可食用的野生菌类植物，与生态植被的生长程度有着密切的关系，植被生长越好，菌类植物越多。菌类植物一般喜欢生长在茂密森林的草丛中，也喜欢生长在土壤、气候和植被良好的地方。

自然环境中的菌类植物

自然环境中的菌类植物

叶 绿 素

叶绿素是指植物的叶绿体内进行光合作用的色素，能够吸收太阳光中的大部分红光和紫光，反射绿光，包括叶绿素a、叶绿素b、叶绿素c、叶绿素d、叶绿素f、原叶绿素和细菌叶绿素等。

鸡 枞

鸡枞，又名鸡松、蚁枞等，属于伞菌科，被誉为"菌中之王"，含有钙、磷、铁、蛋白质等多种营养元素；子实体可入药。刚出土时，菌盖呈黑褐色或微黄色，菌褶呈白色，老熟时呈微黄色。

强光对植物的影响

强光能促进植物细胞的分化，抑制植物细胞的伸长，从而抑制植株的长大。植物生长在强光下，株高降低，节间缩短，叶色变绿，叶片变小，根系发达。

金 针 菇

金针菇子实体

　　金针菇学名为毛柄金钱菌，又名构菌、朴菇、冬菇等，属于伞菌目口蘑科金针菇属，在自然界中分布广泛，中国、日本、俄罗斯、欧洲、北美洲、澳大利亚等地均有分布。

　　金针菇不含叶绿素，不具有光合作用，不能制造碳水化合物，可在完全黑暗的环境中生长，必须从培养基中吸收现成的有机物质，如碳水化合物、蛋白质和脂肪的降解物，为腐生营养型，是一种木材腐生菌，易生长在柳、榆、白杨树等阔叶树的枯树干及树桩上。

　　金针菇由菌丝体和子实体两大部分组成。菌丝通常呈白色绒毛状，有横隔和分枝，很多菌丝聚集在一起便成为菌丝体。菌丝长到一定阶段会形成大量的单细胞粉孢子，在适宜的条件下萌发成单核菌丝或双核菌丝。子实体由菌盖、菌褶、菌柄三部分组成，多数成束生长，肉质柔软有弹性。菌盖球形或扁半球形，幼时球形，逐渐平展，过分成熟时边缘皱折向上翻卷。菌盖表面有胶质薄层，湿时有黏性，呈黄白色至黄褐色；菌肉呈白色，中央厚，边缘薄；菌褶呈白色或象牙色，较稀疏，长短不一，与菌柄离生或弯生；菌柄中央生，中空圆柱状，稍弯曲，长3.5～15厘米，基部相连，上部为肉质，下部为革质，表面密生黑褐色短绒毛；担孢子生于菌褶子实层上，孢子圆柱形，无色。

赖氨酸

赖氨酸是碱性氨基酸；是蛋白质组成部分之一，是人体必需氨基酸之一，具有促进人体发育、增强人体免疫力的功效，人体自己不能合成，需要通过饮食进行补充。

金针菇

精氨酸

精氨酸是20种普遍存在的自然氨基酸之一，是人体必需氨基酸之一，具有修复伤口、促进细胞分裂、增强人体免疫力、分泌激素的功效。海参、瘦肉、豆制品等食物中含有精氨酸。

有机化合物

有机化合物，简称为"有机物"，是指含氮化合物或碳氢化合物及其衍生物，其中一氧化碳、二氧化碳、碳酸盐等除外。有机化合物是生命产生的物质基础，包括脂肪、氨基酸、蛋白质、糖类物质等。

细菌门的简介

细菌门的生物是一类微小的单细胞原核生物，在高倍显微镜或电子显微镜下才能观察清楚。绝大多数种类不含叶绿素，以腐生或寄生的方式生活；少数以自养的方式生活，如紫细菌、硫细菌等。由于其也具有细胞壁而置于广义的植物界。

细菌约有两万种，几乎分布在地球的各个角落，土壤、水域、大气和生物体内均存在。在土壤中，植物根系周围是细菌最密集的地方。细菌具有细胞壁、细胞膜、细胞质、内含物、核质等，没有明显的核。有些细菌具鞭毛，能够运动；有些细菌能分泌黏性物质累积于壁外，形成荚膜，具有保护作用；极少数细菌含细菌叶绿素，通过光合制造有机物质；绝大多数细菌不含色素，以异养方式生活。细菌的主要繁殖方式是简单的分裂，即由一个细菌分裂为两个大小相等或不等的新细菌。根

被子植物

据形态，细菌大致可分为球菌、杆菌和螺旋菌，三类之间还存在若干过渡状态。球菌的细胞为球形或半球形，直径为0.5～2微米；杆菌的细胞呈杆棒状，长1.5～10微米，宽0.5～1微米；螺旋菌的细胞长而弯曲，稍完全的称为"弧菌"。

细 胞 壁

细胞壁是原核生物和真核生物的结构和功能的基本单位，位于细胞膜的外面，细胞壁的薄厚因功能不同而不同，被子植物、真菌植物、藻类植物、原核生物的细胞具有细胞壁，动物细胞不具有细胞壁。

细 胞 膜

细胞膜，又称为"细胞质膜"，是指细胞表面的一层薄膜，紧贴细胞壁，由脂类物质、蛋白质和糖类物质组成，还含有少量水分、无机盐和金属离子，具有保护细胞内部、选择和调节物质进出细胞的作用。

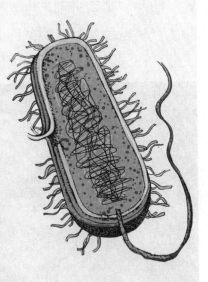

细 胞 质

细胞质，又称为"胞浆"，是指被细胞膜包围的除细胞核区以外的一切物质，呈半透明胶状或颗粒状，由基质、细胞器和内含物组成，其中细胞器包括线粒体、叶绿体、高尔基体等。

细菌结构

细菌在自然界中的作用

　　在自然界的物质循环中，细菌起着重要的作用。地球上动植物的尸体和排泄物，必须经过腐生细菌的分解腐烂，使复杂的有机物质变为无机物质，重新为植物吸收利用，使物质不断地循环。与豆科植物共生的根瘤菌属和固氮菌属细菌都能摄取大气中的氮，制成有机氮，直接或间接供绿色植物需要。细菌肥料是一种生物肥料，能提高土壤肥力。某些细菌寄生于昆虫体内，并使昆虫死亡，如杀螟杆菌、白僵菌等生物农药，早已用于防治害虫。细菌在工业、医药卫生等方面的应用也很广。工业上可利用细菌生产多种工业产品，如枯草杆菌生产蛋白酶和淀粉酶，可用于皮革脱毛、丝绸脱胶和棉布脱浆等；乳酸杆菌、醋酸杆菌可分别产生乳酸、醋酸等化工原料；谷氨酸短杆菌生产谷氨酸（谷氨酸钠即味精）和肌苷酸，用于食品和医药工业。在医药卫生方面，可以利用细菌生产预防和治疗疾病的

豆科植物——紫荆

疫苗、抗病血清、羧甲淀粉以及各种抗生素，例如常见的链霉素、四环素、土霉素、氯霉素等，都是从放线菌的代谢物中提取出来的抗生素药物。

细菌的危害

寄生细菌能导致人、畜、禽和植物发生病害，甚至造成死亡，如痢疾、霍乱、白喉、破伤风等病菌，以及水稻叶枯病、棉花角斑病、蔬菜软腐病等病原菌。腐生细菌常导致食品腐烂。

真菌寄生菌

寄生于其他真菌的真菌统称为"真菌寄生菌"，包括拟油壶菌属、刺霉属、扁芝属等。在真菌寄生菌中，寄主菌在受到某种刺激时会显著膨胀或呈现异样形状。

腐　生　菌

腐生菌是指从动植物残体或腐败物质吸取养料，以维持自身生活的微生物，属于化能异养型微生物，包括多种细菌和真菌，例如枯草杆菌、根霉、青霉、蘑菇、木耳。

菌类植物

黏菌门的简介

黏菌是介于动物和真菌之间的生物，约500种。它们的生活史中一段是动物性的，另一段是植物性的，大多数生于森林中阴暗和潮湿的地方，如在腐木上、落叶上或其他湿润的有机物上。黏菌的营养体是裸露的原生质体，称为"变形体"。变形体通常呈不规则的网状，直径大者可达数厘米，呈灰色、黄色、红色等，没有叶绿素，内含多数细胞核。由于原生质的流动，变形体能蠕行在附着物上，并能吞食固体食物。变形体也有感光作用，平时移向避光的一面，繁殖时移向有光亮的地方。黏菌的繁殖方式与植物相同，能产生具有纤维素壁的孢子。大多数黏菌为腐生，生于潮湿的环境中，没有直接的经济意义；少数为寄生，能使植物感病，危害寄主。

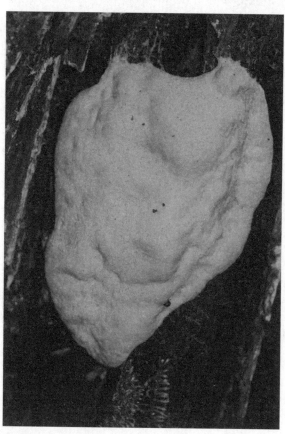

黏菌

原生质体

原生质体是指脱去细胞壁的细胞，由原生质分化形成，是细胞进行各类代谢的主要场所，是细胞中重要的部分，分为质膜、细胞器、胞基质三部分。

细 胞 核

细胞核是细胞中最大的细胞器，内含细胞大多数的遗传物质，是遗传物质贮存、复制和转录的场所，包括细胞核膜、细胞核基质、染色质和核仁几部分。

孢 子

孢子是指生物产生的能直接发育成新个体的细胞，不需要两两结合，具有繁殖和休眠作用，包括分生孢子、孢囊孢子、游动孢子、结合孢子、卵孢子、子囊孢子、担孢子、休眠孢子等。

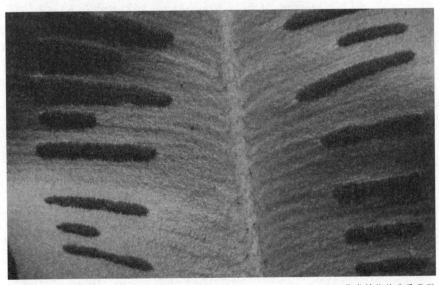

蕨类植物的孢子囊群

真菌门的简介

真菌的子实体

　　真菌门是真菌界的一门，在菌类中占有重要地位，种类很多，约3800属10万种以上。大多数真菌具有细胞壁，存在细胞核，低等真菌为多核，高等真菌为单核或双核。真菌没有叶绿素，以寄生或腐生的方式生活。某些真菌的菌丝与高等植物的根共生；而有些真菌能与藻类共生而形成地衣。真菌不贮藏淀粉，贮藏物质为肝糖、脂肪、蛋白质。真菌的繁殖方式多种多样，以无性繁殖为主。多数种类营养体的构造为分枝或不分枝的丝状体，每一条丝称为"菌丝"，分为气生菌丝、营养菌丝、直立菌丝三种。组成一个植物体的所有菌丝称为"菌丝体"。真菌主要依靠营养菌丝来吸收营养物质。细胞壁的主要成分为甲壳质或纤维素。无性繁殖产生游动孢子、孢囊孢子，以及各种分生孢子等。有性生殖是通过性细胞的结合形成各类有性孢子，如卵孢子、接合孢子、子囊孢子、担孢子等。真菌门分为鞭毛菌亚门、接合菌亚门、子囊菌亚门、担子菌亚门、半知菌亚门。

菌　丝

菌丝是指真菌的营养体，由大量的菌丝聚集而成，分为无隔菌丝和有隔菌丝。无隔菌丝没有横隔壁，具多个细胞核；有隔菌丝具多个横隔壁，将菌丝分成多个细胞。

真菌

气生菌丝

气生菌丝直生或分枝丝状，是指从基质伸向空气中的菌丝体，颜色较深，比营养菌丝粗。部分气生菌丝发育到一定程度分化成繁殖菌丝，产生孢子。有时水生菌类也能够生长气生菌丝。

营养菌丝

营养菌丝是指长在培养基内的菌丝，能够深入培养基内吸收养料，具有吸收营养和排泄代谢废物的作用，没有横隔壁，能产生色素，使培养基着色。

黑木耳

黑木耳是一种营养丰富的食用菌，属于担子菌门木耳目木耳科木耳属。它的别名很多，因其生长于腐木之上，形似人的耳朵，故名木耳；因其似蛾蝶玉立，故名木蛾；因其味道似鸡肉鲜美，故名树鸡；重瓣的木耳在树上互相镶嵌，宛如片片浮云，又有云耳之称。

黑木耳由菌丝体和子实体两部分组成。菌丝体无色透明，由许多横隔膜和分枝的管状菌丝组成。子实体初生时为杯状或豆粒状，逐渐长大后变成波浪式的叶片状或耳状。许多耳片聚集在一起呈菊花状。新鲜的子实体半透明，胶质，富有弹性，直径一般为4～6厘米，大者可达10～12厘米，干燥后急剧收缩呈角质，硬且脆。子实体有背腹面之分，背面（贴耳木的一面）凸起，呈暗青灰色，密生许多柔软短绒毛（这种毛的特性在木耳分类上非常重要），这种毛不产生担孢子；腹面下凹，表面平滑或有脉络状皱纹，呈深褐色或茶色，成熟时表面密生排列整齐的担孢子。担孢子呈肾形，无色透明，许多担孢子聚集在一起呈白粉状。子实体干燥后，体积强烈收缩，担孢子像一层白霜黏附在它的腹面。

黑木耳的人工栽培

毛 木 耳

毛木耳，是野木耳的一种，可以食用，菌丝体较大，腹面平滑、呈黑色，背面多毛、呈灰色或灰褐色，质地粗，不易嚼碎，味道一般。

黑木耳

光 木 耳

光木耳，是野木耳的一种，可以食用，菌丝体较小，腹面和背面均光滑，呈黑褐色，半透明，质软味鲜，滑而带爽，营养丰富，是常见的人工栽培品种之一。

银 耳

银耳，又名雪耳，属于银耳科银耳属，可以入药，具有润肺养胃、滋阴养胃、益气安神、强心健脑的功效。子实体呈乳白色，半透明，胶质，柔软，干后变硬且脆，呈白色或米黄色。

子囊菌亚门

　　子囊菌亚门是真菌门中种类最多的一个亚门，包括酵母菌、红曲霉、麦角菌、冬虫夏草、白粉菌、赤霉菌等。它们的形态、生活史和生活习性的差别很大，共同的特征是有性生殖形成子囊孢子，子囊孢子一般为8个，少数为4个。子囊裸露或包于由菌丝组成的子囊果中。无性繁殖靠出芽或产分生孢子。子囊菌大都是陆生生物，营养方式为腐生、寄生和共生，有许多是植物病原菌。腐生的子囊菌可以引起木材、食品、皮革的霉烂以及动植物残体的分解；有的可用于抗生素、有机酸、激素、维生素的生产和酿酒工业中；有的是食用菌（如羊肚菌、块菌）。少数子囊菌和藻类共生形成地衣，称为"地衣型子囊菌"。寄生的子囊菌除引起植物病害外，少数可寄生在人、禽畜和昆虫体上。它们为害植物时，多引起根腐、茎腐、果（穗）腐、枝枯和叶斑等症状。

冬虫夏草

子　囊

　　子囊是指子囊菌产生子囊孢子的细胞。子囊母细胞伸长，经过三次细胞分裂后，形成含有孢子的子囊。

子囊孢子

　　子囊孢子一般为单细胞，少数为多细胞，形状为椭圆形，少数为针形或其他形状。一般每个子囊产生8个子囊孢子，少数产生4或32个。

子　囊　果

　　子囊果是指子囊菌产生子囊的子实体，由初级菌丝和次级菌丝形成，分为闭囊壳、子囊壳、子囊座、子囊盘等类型。

珊瑚虫草

31

冬虫夏草

冬虫夏草，又名冬虫草、虫草，属于真菌门麦角菌目麦角菌科虫草属，是麦角菌科真菌冬虫夏草寄生在蝙蝠蛾科昆虫幼虫上的子座及幼虫尸体的复合体，冬天是虫子，夏天从虫子里长出草来。虫是虫草蝙蝠蛾的幼虫，草是一种虫草真菌。冬虫夏草是一种传统的名贵滋补中药材，有调节免疫系统功能、抗肿瘤、抗疲劳等多种功效，与天然人参、鹿茸并列为三大滋补品。待初夏子座出土、孢子末发散时挖取，晒至6～7成干，随后去除似纤维状的附着物及杂质，晒干或低温干燥即得。近年来国内已采用以天然虫草真菌发酵法获得人工虫草菌。

冬虫夏草的子座单个，全长4～11厘米，长棒形或圆柱形，

基部粗1.5～4毫米，向上渐细；头部近圆柱形，呈褐色，初期内部充实，后变中空，长1～4.5厘米，粗2.5～6毫米，尖端有1.5～5.5毫米的不孕顶部。子囊壳近表面生，基部稍陷于子座内，椭圆形至卵形。子囊多数，细长，产生在子囊壳内。每个子囊内具有子囊孢子，通常1～3个，少数为4个或更多，长线形，有多数横隔，不断裂为小段。

凉山虫草

凉山虫草，又名麦秆曲，属于麦角菌科虫草菌属，多数寄生在鳞翅目昆虫的幼虫体上。子座多为分枝或单生；细长且坚硬。

蛹虫草

珊瑚虫草

珊瑚虫草，属于麦角菌科虫草菌属，含有硒、钾、镁、磷、钙等多种微量元素，以及维生素A、维生素C等多种维生素，可入药，多数生在鳞翅目的蛹上。子座多生于寄主顶端，头部和柄均能分枝。

蛹 虫 草

蛹虫草，又名北冬虫夏草、北蛹虫草，属于麦角菌科虫草菌属，多数生长在鳞翅目昆虫的蛹体上。子座单生或数个一起从寄生蛹体的头部或节部长出，橘黄色或橘红色。

担子菌亚门

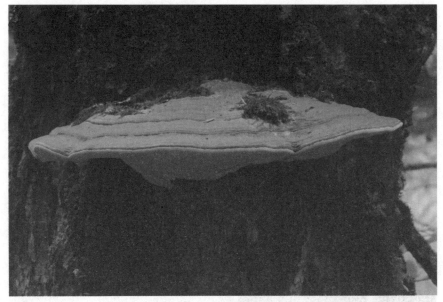

树舌灵芝

　　担子菌亚门是真菌门最高等的一个亚门。有性生殖为菌丝或孢子的接合；接合时只进行质配，所以菌丝细胞为双核，在形成担子时进行核的融合，随之减数分裂产生单倍的担孢子。无性生殖为芽殖，或产生分生孢子和粉孢子；也能以菌丝体的分裂而进行营养繁殖。有性生殖形成担子，由担子产生担孢子是本亚门的主要特征，一般每个担子上生4个担孢子，也有1～8个的。本亚门2万多种，除供食用、药用外，不少种类为农作物或树木等的病原菌（如黑粉菌、锈菌、层孔菌等）。菌丝很发达，有横隔。子实体的大小、形状、色泽各有不同，种类繁多。生活方式为寄生或腐生，可分为初生菌丝和次生菌丝。

担　子

　　担子是担子菌纲所特有的分生孢子梗，无隔、分隔或分枝，由一个孢子发育而成，产生固定数目的担孢子。

松杉灵芝

担　孢　子

　　担孢子属于有性孢子。子实体成熟后，双核菌丝的顶端膨大，其中的两个核融合成一个新核，新核经两次分裂，产生四个单倍体子核，最后在子细胞的顶端形成四个独特的有性孢子，即为担孢子。

分生孢子

　　分生孢子属于无性孢子，多为单细胞，一般由分生孢子梗等特殊菌丝通过断裂形成，成熟后分生。不同种的菌类植物的形态、构造、大小、颜色和排列等特征不相同。

鸡 腿 菇

鸡腿菇，又名毛头鬼伞，属于担子菌亚门鬼伞科鬼伞属，肉质细嫩，鲜美可口，菇体洁白，含有蛋白质、脂肪、糖分、纤维素等，还含有钾、钠、镁、磷、铁、铜、锌、锰等微量元素，以及20种氨基酸。鸡腿菇还是一种药用菌，具有益脾胃、清心安神、治痔、降血压等功效，经常食用有助消化、增加食欲、提高人体免疫功能和治疗痔疮的作用。鸡腿菇所含的脂肪多为不饱和脂肪酸，食用后不会增加血液中的胆固醇含量，可以预防动脉硬化、心脏病、肥胖症等，对大肠杆菌、金黄色葡萄球菌、枯草杆菌还有一定的抑制作用。

鸡腿菇的子实体为中大型，群生，菇蕾期菌盖呈圆柱形，后期呈钟形，高7～20厘米，菌盖幼时近光滑，后有平伏的鳞片或表面有裂纹。幼嫩子实体的菌盖、菌肉、菌褶、菌柄均呈白

鸡腿菇

色，菌柄粗达1～2.5厘米，上有菌环。菌盖由圆柱形向钟形伸展时菌褶开始变色，由浅褐色直至黑色，子实体也随之变软变黑，完全丧失食用价值。采收必须适时，应在菌盖保持圆柱形并边缘紧包着菌柄，无肉眼可见的菌环的柱形期及时采收。

褶纹鬼伞

褶纹鬼伞，属于鬼伞科鬼伞属，生于林地上。子实体小，食用价值不大。菌肉呈白色；菌褶较稀；菌柄圆柱形，呈白色，中空，基部略膨大。

白绒鬼伞

白绒鬼伞，属于鬼伞科鬼伞属，生于肥土或林地上。子实体较小，细弱；菌盖薄，菌肉呈白色；菌褶离生，狭窄，不等长；菌柄细长，呈白色，质脆，中空，有易脱落的白色绒毛状鳞片。

辐毛鬼伞

辐毛鬼伞，属于鬼伞科鬼伞属，生于肥土或林地上。子实体小，可食用；菌盖表面呈黄褐色，顶部密布浅黄褐色粒状鳞片；菌肉呈白色；菌褶呈白色至黑紫色，直生；菌柄细，呈白色。

墨汁鬼伞

伞 菌

金黄柄牛肝菌

　　担子菌亚门中伞菌科和牛肝菌科等菌类，通称为"伞菌"，一般指具有菌盖和菌柄的肉质菌类。菌盖伞状或帽状，位于菌柄上端，具有产生孢子的结构（子实体）。香菇、蘑菇等可供食用的圆盘状部分就是菌盖。伞菌科菌盖下面为肉质的菌褶，牛肝菌科菌盖下面为肉质的菌管，菌褶和菌管都是担子和担孢子着生的部位。子实体的大小和菌盖的颜色因种类而异。菌管是指多孔菌科和牛肝菌科真菌子实体下面细孔内的管状结构，单层或多层，内壁有产生孢子的子实层。菌环是指某些伞菌残留在子实体的菌柄上的菌幕部分，呈环状，如蘑菇。菌幕是指某些伞菌子实体由菌盖边缘伸向菌柄，包被菌褶的一层薄膜。子实体幼期，包有一层外膜，当菌柄伸长时，外膜破裂，残留于菌柄基部形成菌托，如草菇。

多种伞菌可供食用，如香菇、蘑菇、草菇、金针菇、牛肝菌、口蘑等；少数种类有毒，如鬼笔鹅膏菌。

伞 菌 科

伞菌科是真菌门担子菌亚门层菌纲伞菌目的一科，多数生长在林地上，少数生长在苔藓上。该科的伞菌属等菌类植物分布于全世界，多数属的菌类植物可以食用，少数种有毒。

牛肝菌科

牛肝菌科是真菌门担子菌亚门层菌纲伞菌目的一科，包括金牛肝菌属、刺牛肝菌属、牛肝菌属、腹牛肝菌属、刺管牛肝菌属等5属。该科的多数属可以食用或入药，少数种有毒。

多孔菌科

多孔菌科是多孔菌目的一科，多数种生长在林木上，少数生长在地上。该科的菌类植物分布于全世界，茯苓、灵芝等药用植物均属于本科。

牛肝菌科的菌类植物

香　菇

香菇

　　香菇，又名香蕈、椎耳、香信、冬菰、厚菇、花菇，属于担子菌门伞菌目侧耳科香菇属。它具有独特的香味，优良的质地，高营养价值和药用价值，素有"山珍"之称。香菇含有脂肪、碳水化合物、粗纤维、灰分、钙、磷、铁、维生素等营养物质，所含的营养物质对人体健康是非常有益的。经常食用香菇，能够提高机体免疫功能，延缓衰老，防癌抗癌，降血压、降血脂、降胆固醇，对糖尿病、肺结核、传染性肝炎、神经炎等起治疗作用，又可用于消化不良、便秘等。香菇的人工栽培在中国已有800多年的历史，中国目前已是世界上香菇生产的第

菌类植物

40

一大国。香菇在冬春季或夏秋季生长在阔叶树倒木上，在人工栽培中，按发生季节有春生型、夏生型、秋生型、冬生型和春秋生型等类型，在段木上单生或群生。

香菇的子实体较小至稍大；菌盖直径5～12厘米，可达20厘米，扁平球形至稍平展，表面呈菱色、浅褐色、深褐色至深肉桂色，有深色鳞片，而边缘鳞片常色浅至污白色，有毛状物或絮状；菌肉呈白色，稍厚或厚，细密；菌褶呈白色，密、弯生、不等长；菌柄中生至偏生，呈白色，常弯曲，长3～8厘米，粗0.5～1.5厘米；菌环以下有纤毛状鳞片，内实，纤维质，菌环易消失，呈白色。

菌　伞

菌伞是菌盖的俗称，是指真菌的子实体上部的伞状部分，是伞菌、牛肝菌等菌类植物独有的特征。最常见的菌盖为半球形，大部分在成熟后变成扁平状。

菌　环

在子实体幼期，伞菌菌盖边缘伸向菌柄，菌褶被一层薄膜包被。菌盖长大展平后，薄膜破裂，残留于菌柄上的部分称为"菌环"。蘑菇等菌类植物的菌柄上常能见到菌环。

菌　褶

菌褶是指伞菌子实体的菌盖内侧的褶皱部分，分为离生、隔生、直生、凹生、延生等类型。每个菌褶的两侧有子实层。

口 蘑

　　口蘑，属于担子菌亚门伞菌目口蘑科口蘑属，又名白蘑、蒙古口蘑、云盘蘑、银盘。银盘又称为"营盘"，是口蘑中的最上品。其名为口蘑，实际上并非一种，乃是集散地汇集起来的许多蘑菇的统称。按传统的叫法，至少还有以下几种：青腿子蘑、香杏、黑蘑、鸡腿子、水晶蕈、水银盘、马莲杆、蒙西白蘑。口蘑一般生长在有羊骨或羊粪的地方，味道异常鲜美，产量不大，价值昂贵，夏秋季在草原上群生，常形成蘑菇圈。口蘑的种类颇多，主要有白大蘑、普大蘑、杆中蘑、珍珠蘑、镜子面蘑、青腿片蘑、杆片蘑、茸子蘑等。每100克口蘑含碳水化合物31.6克、膳食纤维17.2克、蛋白质38.7克，还含有多种维生素，以及铁、铜、钾、钙、钠、锌、锰等元素。口蘑富含硒，能够提高人体免疫力，还含有大量植物纤维，可以预防便秘，用来清炖、红烧、做汤均可，其味清香、鲜美，历来为席

松口蘑

上珍馐。口蘑菌肉肥厚，质细具香气，味鲜美，营养价值高，是中国北方草原盛产的"口蘑"之最上品，畅销于国内外市场。口蘑属中有10多种都是味美的食用真菌。

口蘑子实体伞状，呈白色；菌盖宽5～17厘米，半球形至平展，呈白色，光滑，初期边缘内卷；菌肉呈白色，厚；菌褶呈白色，稠密，弯生不等长；菌柄粗壮，呈白色，长3.5～7厘米，粗1.5～4.6厘米，内实，基部稍膨大；担孢子无色，光滑，椭圆形。

草　　菇

草菇，又名兰花菇、秆菇、麻菇、中国菇，属于光柄菇科小苞脚菇属，是世界第三大栽培食用菌，营养丰富，含有维生素C、粗蛋白、糖类物质、矿质元素，还含有18种氨基酸。子实体顶部呈灰黑色或灰白色，基部呈白色。

冬　　菇

冬菇，又名香菇、复蕈、香菌，是食用菌重要的栽培品种，营养丰富，含有蛋白质和多种微量元素，具有促进人体新陈代谢的功效。干冬菇具有特殊的香气，风味独特。

假蜜环菌

假蜜环菌属于担子菌亚门伞菌目白蘑科蜜环菌属，菌盖呈黄色或黄褐色，幼时扁半球形，后逐渐展平；菌肉呈白色或乳黄色；菌褶呈白色，不等长；菌柄上部呈白色，中部以下呈灰褐色，内部松软至空心；没有菌环，夏秋季丛生于树干基部或根部。

鞭毛菌亚门

　　鞭毛菌亚门是真菌门的一个亚门,与接合菌亚门均因菌丝无隔膜而被长期放在一起,统称为"藻状菌"。20世纪60年代后,藻状菌被分为两个独立的亚门。鞭毛菌亚门的真菌在无性繁殖时产生能动的游动孢子,在有性生殖时能形成卵孢子或休眠孢子囊;而接合菌亚门的真菌在无性繁殖时产生的不能动的孢囊孢子,在有性生殖时能形成接合孢子。鞭毛菌亚门的特征是无性生殖,产生具鞭毛的游动孢子。鞭毛菌大多生活在水中,仅少数为两栖或陆生,腐生、寄生和专性寄生的生活方式均有,能寄生于藻类、蕨类、种子植物、昆虫、鱼类以及其他真菌上。其中,霜霉菌和白锈菌为害多种经济植物,疫霉菌和腐霉菌为害许多栽培植物,水霉菌为害鱼苗和鱼卵。本亚门分为壶菌纲、丝壶菌纲、卵菌纲、根肿菌纲。

　藻类植物

鞭　毛

　　鞭毛是指生长在某些细菌菌体上的丝状物，细长，波状弯曲，是细菌的运动器官，一般是菌体的数倍长，少则1～2根，多则数百根，分为周生鞭毛、侧生鞭毛、端生鞭毛等。

游动孢子

　　游动孢子具有鞭毛，可以游动，多见于藻类和真菌，肾形、梨形或球形，具有1～2根鞭毛，既能进行无性生殖，在某些条件下也可进行有性生殖。

休眠孢子囊

　　休眠孢子囊通常由两个游动配子配合形成的合子发育而成，萌发时发生减数分裂释放出单倍体的游动孢子，如壶菌、根肿菌。根肿菌的休眠孢子囊萌发时通常仅释放出一个游动孢子。

蕨类植物

接合菌亚门

接合菌亚门是真菌门的一个亚门，分为2个纲7个目，已知约600种。本亚门真菌的营养体为单倍体，大多是发达的无隔菌丝体。较高等的接合菌菌丝体有隔膜，菌丝体可产生假根、匍匐丝等变态结构。细胞壁为几丁质。接合菌为陆生，菌丝体从无隔到有隔，隔膜从简单到具中塞和有孔，在一定条件下还可以不形成菌丝体而全部为酵母状细胞。接合菌无性繁殖主要产生位于孢子囊内的孢囊孢子，孢囊孢子无鞭毛，不能游动；少数种类还可形成虫菌体、节孢子、变形细胞等。接合菌有性生殖由相同的或不同的菌丝所产生的两个同形等大或同形不等大的配子囊，经过接合后形成球形或双锥形的接合孢子。接合菌亚门的共同特征是有性生殖产生接合孢子。接合菌大都是腐生的，有些种类是工业真菌；有些是虫生真菌，为昆虫的寄生菌

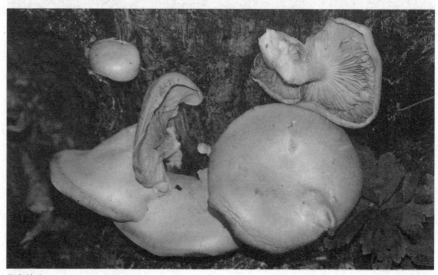

或共生菌；有些与高等植物根系共生形成菌根；还有少数可以寄生于人体和动物体内。寄生植物的接合菌很少。本亚门分为接合菌纲、毛菌纲两纲。

接合孢子

接合孢子由菌丝生出的结构基本相似，形态相同或略有不同的两个配子囊接合而成。接合孢子经过一定的休眠期，在适宜的环境条件下，萌发成新的菌丝。

接合菌纲

接合菌纲是真菌门接合菌亚门中的一纲，包括内囊霉目、毛霉目、虫霉目、捕虫霉目、梳霉目和双珠霉目等6目，多数腐生，分布于土壤、有机物和粪上，少数寄生于人、动物、植物和真菌上。

毛 菌 纲

毛菌纲是真菌门接合菌亚门中的一纲，包括4目7科40多属，菌体多核、不分枝或具隔膜而分枝。本纲寄主包括淡水、海水中，以及陆地上的节肢动物。

半知菌亚门

　　半知菌亚门是真菌门的一个亚门，多腐生，分布于陆地或水中，分为丝孢纲和腔孢纲，约17000种。它们是具简单隔膜（少数种具桶孔隔膜）的分枝菌丝体，菌丝的每个细胞中常含多核。分生孢子梗单生、簇生或集结成孢梗束，其内（外）合生或离生产孢细胞，产孢细胞产生形形色色的分生孢子。本亚门真菌的特征是只能以分生孢子或菌丝的断片进行繁殖。绝大多数的半知菌都产生分生孢子，在半知菌的有隔菌丝体上形成分化程度不同的分生孢子梗，梗上形成分生孢子。分生孢子梗丛生或散生。丛生的分生孢子梗可形成束丝和分生孢子座。束丝是一束排列紧密的直立孢子梗，于顶端或侧面产生分生孢子，如稻瘟病菌；分生孢子座由许多聚成垫状的短梗组成，顶

端产生分生孢子，如束梗孢属。较高级的半知菌，在分生孢子产生时形成特化结构，由菌丝体形成盘状或球状的分生孢子盘或分生孢子器。分生孢子盘上有成排的短分生孢子梗，顶端产生分生孢子，如刺盘孢属；分生孢子器有孔口，其内形成分生孢子梗，顶端产生分生孢子。分生孢子盘（器）生于基质的表面或埋于基质、子座内，外观上呈黑色小点。本亚门有些种是人类和动植物的致病菌；有些种能导致食品腐败以及原料、器材的腐蚀或变质；有些种的代谢产物可用于制取抗生素、有机酸和酶制剂；有些种可用于有害昆虫和杂草的生物防除。同时，半知菌也在生态系统的物质和能量转化中起着重要的作用。

稻 瘟 病

稻瘟病，又名稻热病、火烧瘟、叩头瘟，是由真菌引起的水稻重要病害之一，发生后可造成不同程度减产，主要为害水稻的叶片、茎秆、穗部，分为苗瘟、叶瘟、节瘟、穗颈瘟、谷粒瘟。

丝 孢 纲

丝孢纲是真菌门半知菌亚门的一纲，包括7500多种，重要的属包括青霉属、曲霉属、镰刀菌属、轮枝菌属、头孢霉属、白僵菌属、交链孢霉属、木霉属、毛菌属和小孢霉属等，与人类关系密切。

腔 孢 纲

腔孢纲是真菌门半知菌亚门的一纲，主要为植物寄生菌或腐生菌，分生孢子产生在分生孢子盘或分生孢子器中，子座有或无。

曲　霉

菌类植物

　　曲霉属于半知菌亚门，是发酵工业和食品加工业的重要菌种，在中国用于制酱、酿酒、制醋曲、制作豆豉。现代工业利用曲霉生产各种酶制剂（淀粉酶、蛋白酶、果胶酶等）、有机酸（柠檬酸、葡萄糖酸、五倍子酸等），农业上用作糖化饲料菌种，如黑曲霉、米曲霉等。曲霉广泛分布在谷物、空气、土壤和各种有机物品上。生长在花生和大米上的曲霉，有的能产生对人体有害的真菌毒素，如黄曲霉能导致人中毒，甚至诱发癌症。

　　曲霉菌丝有隔膜，为多细胞霉菌。在幼小而活力旺盛时，菌丝体产生大量的分生孢子梗。分生孢子梗顶端膨大成为顶囊，一般呈球形。顶囊表面长满一层或两层辐射状小梗（初生小梗与次生小梗）。最上层小梗瓶状，顶端着生成串的球形分生孢子。以上几部分结构合称为"孢子穗"。孢子呈绿、黄、橙、褐、黑等颜色。这些都是菌种鉴定的依据。分生孢子梗生于足细胞上，并通过足细胞与营养菌丝相连。

淀 粉 酶

淀粉酶是水解淀粉和糖原的酶类总称，广泛存在于动物、植物和微生物体内，具有促进淀粉分解的作用，分为α-淀粉酶和β-淀粉酶等。

柠 檬 酸

柠檬酸，又名枸橼酸，是一种重要的有机酸，在室温下，为无色半透明晶体、白色颗粒或白色结晶性粉末，易溶于水，有很强的酸味。柠檬酸在工业、食品业、化妆业等具有极多的用途。

黄 曲 霉

黄曲霉是一种常见腐生真菌，属于半知菌类，存在于土壤和动植物中，多见于发霉的粮食、粮制品及其他霉腐的有机物上，也是酿造工业中的常见菌种，菌落生长较快，结构疏松，表面呈灰绿色，背面无色或略呈褐色。

菌类植物

真菌与人的关系

　　真菌分类中有一种能形成大型肉质子实体的类群，称为"担子菌"，其中多数为人可以食用的菌类植物，如木耳、猴头菇、香菇等。除细菌放线菌外，真菌还能分泌出青霉素。青霉素是现在临床经常应用的一种抗生素，在二战中作为治疗伤员的特效药作出了重要贡献。抗生素是由微生物或高等植物在生活过程中产生的具有抗病原体或其他活性的一类次级代谢产物，能干扰其他生活细胞发育功能。

　　真菌给人们带来经济价值的同时，还伴随着许多问题，最为严重的当属真菌感染引发的各种疾病。根据侵犯人体部位的不同，临床上将致病真菌分为浅部真菌和深部真菌。浅部真菌仅侵犯皮肤、毛发、指甲，而深部真菌能侵犯人体皮肤、黏膜、深部组织和内脏，甚至引起全身播散型感染，真菌性肠炎属于深部真菌。由于真菌感染引发的疾病很难根治，所以预防显得尤为重要。

真菌

抗 生 素

抗生素不仅能杀灭细菌，而且对霉菌、支原体、衣原体等致病微生物也有良好的抑制和杀灭作用，是由微生物或高等动植物在生活过程中所产生的具有抗病原体或其他活性的化学物质。

青 霉 素

青霉素能破坏细菌的细胞壁，起杀菌作用，是第一种能够治疗人类疾病的抗生素，但能引起严重的过敏反应，其过敏反应在各种药物中居首位。过敏反应的发生与药物剂量大小无关。

病 原 体

病原体是指可造成人或动物感染疾病的微生物或其他媒介，是能引起疾病的微生物和寄生虫的统称，其中微生物占绝大多数，包括病毒、衣原体、立克次体、支原体、细菌、螺旋体和真菌。

真菌

青霉属

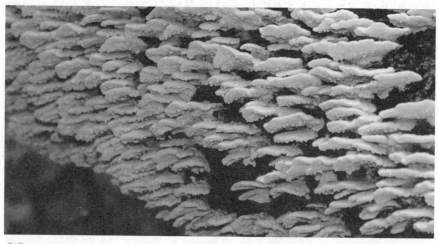

真菌

　　青霉属的菌类属于子囊菌纲，以腐生方式生活，生长在腐烂的水果、蔬菜、肉类和各种潮湿的有机物上。青霉菌丝体生长在植物的表面或深入物体内部，由分枝很多的菌丝组成，细胞壁薄，内含一个或多个细胞核。青霉菌可使许多农副产品腐烂，也有少数种类可使人或动物致病，但它能分泌一种抗生素——青霉素，对葡萄球菌、肺炎球菌、淋球菌、破伤风杆菌等有高度杀伤力。

　　青霉素，又名青霉素G、盘尼西林，是指从青霉菌培养液中提制的分子中含有青霉烷、能破坏细菌的细胞壁并在细菌细胞的繁殖期起杀菌作用的一类抗生素，是第一种能够治疗人类疾病的抗生素。青霉素有钾盐、钠盐之分，钾盐不仅不能直接静注，静脉滴注时，也要仔细计算钾离子量，以免注入人体形成高血钾而抑制心脏功能，造成死亡。青霉素类抗生素的毒性很小，是化疗指数最大的抗生素。但青霉素类抗生素常见的过敏反应在各种药物中居首位，发生率在5%～10%。

过　　敏

过敏是一种机体的变态反应，是人对正常物质（过敏原）的一种不正常的反应，当过敏原接触到过敏体质的人群才会发生过敏，过敏原有花粉、粉尘、异体蛋白、化学物质、紫外线等几百种。

药物过敏

药物过敏，又称为"药物变态反应"，是由用药引起的过敏反应，是一类不正常的免疫反应，对身体不利，会引起一系列的病变，常表现为皮肤潮红、发痒、心悸、皮疹、呼吸困难，严重者可出现休克或死亡。

青霉素过敏

青霉素过敏为皮肤反应，表现为皮疹、血管性水肿，最严重的情况为过敏性休克，多在注射后数分钟内发生，症状为呼吸困难、发绀、血压下降、昏迷、肢体强直，最后惊厥，抢救不及时可造成死亡。

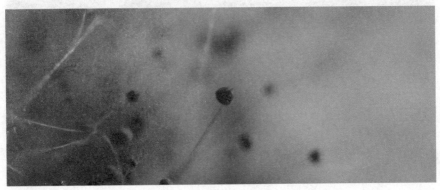

真菌与植物的关系

部分真菌是农作物病害的主要病原菌，如锈菌、稻瘟病菌。

属于子囊菌亚门的腐生的子囊菌可以引起木材、食品、皮革的霉烂以及动植物残体的分解。少数子囊菌和藻类共生形成地衣，称为"地衣型子囊菌"。寄生于植物体上的子囊菌能够引起植物病害，多引起根腐、茎腐、果（穗）腐、枝枯和叶斑等症状。

接合菌亚门的许多真菌是食品、发酵、医药等工业的生产菌，有的是造林方面的重要菌根菌，有的是人、畜及其他动物的寄生菌和高等植物的弱寄生菌。条件适宜时，常可引起食品、

真菌

菌类植物

56

果蔬等霉烂变质。

　　有一种菌根菌能够和某些松树的树根形成共生关系，结合形成独特的菌根。菌鞘套内和幼根接触的菌丝会侵入幼根间隙，菌鞘外的菌丝则呈绒毛状向四周岩石细缝或土壤延伸，将土壤和根系紧紧结合，以其巨大的表面，帮助植物吸收悬崖上的无机物质，并能从泥炭、腐殖质、木质素和蛋白质等有机物质中吸收被分解的养分，使得松树能在极端恶劣的环境下，依然挺拔傲立。

腐 殖 质

　　腐殖质是由已死的生物体在土壤中经微生物分解而形成的有机化合物，呈黑褐色，含有植物生长发育所需要的一些元素，能改善土壤，增加肥力，是土壤有机质的主要组成部分，主要组成元素为碳、氢、氧、氮、硫、磷等。

木 质 素

　　木质素是由四种醇单体（对香豆醇、松柏醇、5-羟基松柏醇、芥子醇）形成的一种复杂酚类聚合物，是构成植物细胞壁的成分之一，具有使细胞相连的作用，能被动物所消化，在土壤中能转化成腐殖质。

蛋 白 质

　　蛋白质是生命的物质基础，占人体重量的16%～20%。人体内蛋白质的种类很多，性质、功能各异，但都是由20多种氨基酸按不同比例组合而成的，并在体内不断进行代谢与更新。蛋白质分为完全蛋白质和不完全蛋白质。

锈菌目

锈菌目所引起的病害一般称为"锈病"，常引起农作物的严重损失。本目真菌菌丝有隔膜，初生菌丝单核，随后双核化，生长在寄主的细胞间隙，以吸器侵入细胞。吸器一般围绕着细胞核与细胞质紧密地结合在一起。锈菌的细胞质中含有核微粒、线粒体、内质网、糖原颗粒和类脂体。菌丝隔膜的结构与高等担子菌不同，而与子囊菌近似，向心生长，上下各有一层电子密集层，中间为一层电子稀薄层，从四周向中心逐渐变薄。中央有被填充物填塞的孔，上下无盖状结构。锈菌不生子实体，只生孢子器和孢子。最典型的锈菌有5类孢子，即性孢子、春孢子、夏孢子、冬孢子和担孢子。除担孢子外，其他4类都有孢子器。根据孢子器的生长形状和位置，外围隔丝的有

菌类植物

无，有限生长还是无限生长，区分为12型，异宗配合。

锈菌在寄生过程中，不需转换寄主的，称为"单主寄生"；需从一类寄主转换到另一类寄主才能完成生活史的，称为"转主寄生"。性孢器和春孢器生在同一类植物上，夏孢堆和冬孢堆生在另一类植物上，前一类植物称为"春孢寄主"，后一类植物称为"冬孢寄主"。两类植物的亲缘关系往往很远，如小麦秆锈菌的春孢寄主为小檗，而冬孢寄主为小麦及其他禾本科植物。

春 孢 子

春孢子的性子器生于叶两面，主要在叶下，点状，密集，呈黄褐色。春孢子器生于叶上，半球形或半椭圆形，呈浅粉黄色，包被细胞不规则形，呈浅黄褐色。内壁有长疣，外壁有稀而小的疣。春孢子形状变化较大，有椭圆形、卵形、近球形、长卵形等。

夏 孢 子

夏孢子是锈菌类的一种双核无性孢子。开始，夏孢子在寄主体内生活，然后穿破表皮向外扩散。进入细胞后，以单细胞的形态，生出密集的刺状或泡状的小突起；形状为长椭圆形或卵形；颜色呈橘黄色、黄褐色、褐色或近于无色。

冬 孢 子

冬孢子是一种无性孢子，形态和颜色富于变化，比夏孢子更具抗逆性，大都具有越冬性。当寄主植物接近生长终期时，由夏孢子产生的双核性菌丝体产生冬孢子形成冬孢子堆，成熟后仍保持原状在寄主表皮之下休眠。

麦角菌

　　麦角菌，属于子囊菌亚门麦角菌科麦角菌属。此菌寄生在黑麦、小麦、大麦、燕麦、鹅冠草等禾本科植物的子房内，将子房变为菌核，形状如同麦粒，故称为"麦角"。麦角为名贵中药材，含有12种生物碱，主要功能是引起肌肉痉挛收缩。麦角菌是麦类和禾本科牧草的重要病害，危害的禾本科植物约有16属22种之多。它不但使麦类大幅度减产而且含有剧毒，牲畜误食带麦角的饲草可中毒死亡，人药用剂量不当可造成流产，重者发生死亡现象。

　　麦角近圆柱形，两端角状，长1～2厘米，内部呈白色。麦角掉落土中越冬或混入种子中，再随种子播入土中。翌年春

小麦

天每个麦角萌发，生出10～20个子实体。子实体蘑菇状，头部膨大呈圆球形，称为"子座"，其直径为1～2毫米，呈灰白色或紫红色，下有一个长且弯曲的细柄。子座表层下埋一层子囊壳，子囊壳瓶状，孔口稍突出于子座的表面，因此在成熟子座的表面上可以看到许多小突起。每个子囊壳内产生数个长圆筒形子囊，每个子囊内产生8个线状的单细胞的子囊孢子。子囊孢子成熟后从子囊壳中放射出来，借助气流传播。

麦角菌的主要寄主是黑麦

在黑麦开花期，麦角菌线状、单细胞的子囊孢子借风力传播到寄主的穗花上，立刻萌发出芽管，由雌蕊的柱头侵入子房。菌丝滋长蔓延，发育成白色、棉絮状的菌丝体并充满子房。

麦角病的传播

菌丝体分泌出一种具甜味的黏性物质，引诱苍蝇、蚂蚁等昆虫把分生孢子传至其他健康的花穗上，麦角病随之重复传播。当黑麦快成熟时，受害子房不再产生分生孢子，子房内部的菌丝体逐渐收缩成一团，进而变成黑色坚硬菌核。

生　物　碱

生物碱是存在于自然界中的一类含氮的碱性有机化合物，有似碱的性质，大多数有复杂的环状结构，是中草药中重要的有效成分之一。已知生物碱种类很多，在10 000种左右，结构比较复杂，可分为约60种类型。生物碱具环状结构，大多有苦味。

菌类植物的生活史

云芝的子实体

生活史是指菌类植物一生所经历的生活周期，即从孢子萌发开始，经菌丝体生长发育，然后形成子实体，再产生新一代孢子的整个发育过程。简单地说，就是从孢子到孢子的一个生活循环过程。以蘑菇和猴头菇为例：

蘑菇孢子相当于高等植物种子，在适宜条件下萌发长出菌丝，大多数蘑菇孢子长出的单核菌丝称为"一级菌丝"，由于蘑菇孢子无形状差别，一级菌丝之间可以相互结合而形成具有双核的二级菌丝。二级菌丝在形成子实体时，分化为各种假组织的菌丝束，称为"三级菌丝"。菌丝束起输送养分和水分的作用，双核菌丝长出的线状菌丝，遇到适宜的环境条件时便形成菌蕾。菌蕾逐步生长发育便成为子实体。子实体成熟后再产生孢子就完成了一个生活周期。

猴头菇在干燥、高温等不良环境下，易形成厚垣孢子，在适当的条件下又会萌发菌丝，继续进行生长繁殖，猴头菇的生长也是从孢子萌发开始，孢子在适宜的环境里萌发初生菌丝。初生菌丝质配形成双核菌丝。双核菌丝繁殖很快，先形成子实体原基，最后形成子实体。子实体上的子实层弹射出担孢子。担孢子萌发，便又开始一个新的生活过程。

大白蘑的子实体

土生环锈伞的子实体

紫 芝

灵芝

　　紫芝，又名黑芝、玄芝，属于担子菌亚门多孔菌目多孔菌科灵芝属，含有麦角甾醇、有机酸、多糖、甘露醇、多糖醇、脂肪酸，还含有生物碱、内酯、香豆精、水溶性蛋白质和多种酶类，多生于阔叶树木桩旁地上或松木上，或生于针叶树朽木上。根据中国第一部药物专著《神农本草经》记载：灵芝有紫、赤、青、黄、白、黑六种，但现代文献及所见标本，多为多菌科植物紫芝或赤芝的全株。

　　紫芝的菌盖木栓质，多呈半圆形至肾形，少数近圆形，大型个体长宽可达20厘米，一般个体大小为4.7厘米×4厘米，小型个体大小为2厘米×1.4厘米，表面呈黑色，具漆样光泽，有环形同心棱纹及辐射状棱纹。菌肉呈锈褐色；菌管口与菌肉同色，管口圆形，每毫米5个；菌柄侧生，长可达15厘米，直径约2厘米，呈黑色，有光泽。孢子广卵圆形，内壁有显著小疣。

灵　芝

灵芝自古以来就被认为是吉祥、富贵、美好、长寿的象征，有"仙草""瑞草"之称，中华传统医学长期以来一直视其为滋补强壮、固本扶正的珍贵中草药。

神农本草经

《神农本草经》是中国现存最早的药物学专著，成书于东汉，是秦汉时期众多医学家总结、搜集、整理当时药物学经验成果的专著，是对中国中草药的第一次系统总结。全书分三卷，载药365种（植物药252种，动物药67种，矿物药46种），分上、中、下三品。

常绿植物

常绿植物没有明显的落叶期和休眠期，一般为多年生木本，一年四季都有落叶，分为常绿阔叶树和常绿针叶树两类，常见常绿植物有油松、马尾松、红松、杜鹃、山茶、栀子、木兰、椰子、桑树、榕树等。

树舌灵芝

菌丝体的形态

平菇的子实体

　　菌类植物的繁殖单位是孢子，是指某些生物脱离母体后不通过细胞融合而能直接或间接发育成新个体的单细胞或少数细胞的繁殖体。孢子吸水膨大，长出芽管不断分支伸长形成管状的丝状体，通常将其中的每一根细丝称为"菌丝"。菌丝是真菌结构单位的丝状体，可无限生长，但直径是有限的，一般为2～30微米，最大的可达100微米。低等菌类植物的菌丝没有隔膜，称为"无隔菌丝"，如水霉。高等菌类植物的菌丝有许多隔膜，称为"有隔菌丝"，如青霉。菌丝顶端生长加长，通过侧生分枝生出新的分枝，集合形成菌丝群，称为"菌丝体"。菌类植物的菌丝体多数是腐生的，生长在土壤、树木或人工栽培养料内。菌丝体相当于高等植物的根、茎、叶，其主要功能是分解木质、草质等有机物，吸取营养以供菌类植物生长。寄生在植物上的菌类植物往往以菌丝体在寄主的细胞间或穿过细胞扩展蔓延。

孢子的定义

孢子是指某些生物脱离母体后不通过细胞融合而能直接或间接发育成新个体的单细胞或少数细胞的繁殖体，一般微小。

孢子的寿命

孢子没有类似种子外皮的保护结构，寿命没有种子长。大多数成熟的孢子呈褐色或棕色，在贮藏较长时间后也可以发芽。

孢子的分类

孢子根据生殖方式分为无性孢子和有性孢子。无性孢子包括分生孢子、孢囊孢子、游动孢子等；有性孢子包括结合孢子、卵孢子、子囊孢子、担孢子等。

菌类植物

竹荪

  竹荪，又名长裙竹荪、竹笋、竹参，属于担子菌亚门鬼笔目鬼笔科竹荪属。竹荪口味鲜美，是著名的珍贵食用菌之一，对减肥、防癌、降血压等均具有明显疗效，是中国的一项传统的土特产。竹荪夏秋季生于竹林或其他林内或园林中地上，群生或单生，名列"四珍"（即竹荪、猴头、香菇、银耳）之首。自然界里，竹荪处于竹林、草丛的荫蔽之下，若将它暴晒在阳光之下，很快就会萎缩。竹荪适于生长在有大量竹子残体和腐殖质的竹林地里。野生竹荪自然生长季为初夏到中秋，多生于老竹和腐竹的根部以及腐竹叶上，多数单生，也有少量为群生。

  完整的竹荪子实体由菌盖、菌裙、菌柄、菌托4部分组成，一般高10～20厘米，最高的可达30厘米以上。菌盖形如吊钟，高3厘米左右，下端宽5厘米左右，具有明显的网状结构，上面一般生有青褐色的孢体，孢体味道微臭，用手触摸，有黏滑感。菌盖顶端较平，并有穿孔。菌裙大多呈黄白色，菌裙的

竹荪

长度是分类学上区别长裙竹荪和短裙竹荪的重要标志，长裙竹荪的裙长一般为8～12厘米，短裙竹荪的裙长一般为3～6厘米。菌裙为疏松的格孔状网条，格孔呈椭圆形或多边形，格孔长径为0.5～1厘米，短径为0.1～0.5厘米，网条偏圆形，直径0.1～0.5厘米。菌柄呈乳白色，中空，纺锤或圆筒状，中部粗约3厘米，壁海绵状。菌托呈碗形，包在菌柄的基部，上面带有灰白色或粉红色的斑块，高4.0～5.0厘米，直径3.0～5.0厘米，由内膜、外膜以及膜间胶状物质组成。

菌　　蕾

竹荪成熟后，墨绿色的孢子自溶流入酸性土壤中，萌发成白色、纤细的菌丝，在腐竹、竹根及竹叶的腐殖质中生长。经过一段时期的生长，绒毛状菌丝分化形成线状菌索，并向基质表面蔓延，后在菌索末端分化成白色的瘤状突起。

竹荪的营养物质

竹荪是优质的植物蛋白和营养源。菌体含有蛋白质、粗脂肪、碳水化合物、多种维生素，还含有21种氨基酸，8种为人体所必需，其中谷氨酸含量尤其丰富。竹荪还含多种微量元素，其中重要的有锌、铁、铜、硒。

碱性食品

人体吸收的矿物质，由于其性质不同，在生理上有酸性和碱性的区别。属于金属元素的钠、钾、钙、镁等，含有这些金属阳离子较多的食品，在生理上称为"碱性食品"。大部分蔬菜、水果、豆类及其制品、牛乳等都属于碱性食品。

子实体的形态

云芝的子实体

子实体是高等真菌产生有性孢子的结构，由能育的菌丝和营养菌丝组成。子实体是真菌繁衍后代的结构，也是人们可以食用的部分。子实体的形状多种多样，有伞状的，如双孢菇、香菇和草菇；贝壳状的，如平菇；漏斗状的，如鸡油菌；舌状的，如牛舌菌；头状的，如猴头菌；毛刷状的，如齿状菌；珊瑚状的，如珊瑚菌；绣球花状的，如绣线菌；盘状的，如盘菌；蜂窝状的，如羊肚菌；马鞍状的，如马鞍菌；耳状的，如木耳；花瓣状的，如银耳；脑状的，如金耳。子囊菌的子实体称为"子囊果"，担子菌的子实体称为"担子果"，其形状、大小与结构因种类而异。子囊果是子囊菌亚门真菌产生子囊孢子的结构，由产生子囊孢子的子囊、产生子囊的菌丝和包在外面的菌丝体共同组成，有球形，如白粉菌；瓶状或囊状，如麦角菌；盘状、碗状或漏斗状，如盘菌。

子 囊 壳

子囊壳是子囊菌的子囊果的一种，通常呈瓶状或囊状，埋生于子囊座内，顶端有孔，内有子囊和隔丝。

子 囊 盘

子囊盘是子囊菌的子囊果的一种，通常呈盘状、碗状或漏斗状，顶部敞开，基部着生子囊与隔丝，如盘菌属和核盘菌属。

盘 菌 纲

盘菌纲的子囊果多为盘状或杯状，盘菌的子实体常因侧丝内的色素而呈现各种颜色，如红、黄、褐、黑色等，分为柔膜菌目、厚顶盘菌目、星裂盘菌目、瘿果盘菌目、盘菌目、梭绒盘菌目、块菌目7目。

褐鳞蘑菇的子实体

猴 头 菇

珊瑚状猴头菇

　　猴头菇，又名猴头菌、猴头、猴头蘑、刺猬菌、花菜菌、山伏菌、猬菌，属于担子菌亚门多孔菌目齿菌科猴头菇属。中国是猴头菇的重要产地。猴头菇是中国传统的名贵菜肴，相传早在3000年前的商代，已经有人采摘猴头菇食用。猴头菇菌肉鲜嫩，香醇可口，有"素中荤"之称，明清时期被列为贡品。猴头菇是一种木腐食用菌，一般生长在麻栎、山毛栎、栓皮栎、青刚栎、蒙古栎和胡桃科的胡桃倒木及活树虫孔中，悬挂于枯干或活树的枯死部分，一般只有拳头大小，在自然条件下发育较慢，但能生长巨大的菌体。野生菌大多生长在深山密林中，在平原和丘陵地区很少见到。

猴头菇子实体块状，新鲜时呈白色，干后呈乳白色、黄色或浅褐色，基部狭窄或略有短柄，肉质洁白，直径5～15厘米，大的达20厘米，扁平、球状、卵圆形或头状并长有密集的肉质针刺（长1～5厘米，刺粗1～2毫米）且都有直伸下垂，毛茸茸的，有苦味。担孢子无色透明，孢子卵呈白色，孢子近球形，有油滴，表面光滑。

非褶菌目

非褶菌目，又名多孔菌目，是伞菌纲的一目，在1000种以上，属于高等担子菌，多数为腐生菌，少数为兼性寄生菌，均能人工培养，颜色有白、黄、红、紫、褐、黑等，其中白色者最多，绝大部分种类生于腐木上，一小部分种类生于腐殖质或土壤上。

齿 菌 科

齿菌科是非褶菌目的一科。真菌子实体有菌盖和柄，柄中生到偏生，发育良好；子实层着生于齿或刺上，刺圆形，顶端尖；菌肉呈白色或微着色。本科真菌地生或生于腐殖质上，广泛分布于世界，仅包括1属，有些种类可引起活树的树心腐朽。

珊瑚菌科

珊瑚菌科是非褶菌目的一科，担子果直立，棒形或多分枝，多肉质。真菌子实体直立，向下生长的很少，少数弯曲向下或匍匐，单生或分枝，通常有柄；子实层周生，表面平滑或具纵皱；菌肉呈白色、淡白色或其他颜色。

平　菇

　　平菇，又名糙皮侧耳、北风菌、蚝菌，属于担子菌门伞菌目侧耳科侧耳属，是栽培广泛的食用菌，含有蛋白质、氨基酸、矿物质、纤维素、维生素、钾、钠、钙、镁、锰、铜、锌、硫等营养物质，具有追风散寒、舒筋活络的功效，可以用于治疗腰腿疼痛、手足麻木、筋络不通等症。平菇中的蛋白多糖体对癌细胞有很强的抑制作用，能增强机体免疫功能。常食平菇不仅能起到改善人体的新陈代谢，调节自主神经的作用，而且对减少人体血清胆固醇、降低血压和防治肝炎、胃溃疡、十二指肠溃疡、高血压等有明显的效果。平菇所特有的平菇素，对格蓝氏阳性菌、阴性菌、分歧杆菌等均具有较强的抗菌活性。

平菇

平菇由菌丝体和子实体组成。菌丝体呈白色，多细胞分枝的丝状体。子实体丛生或叠生，分为菌盖和菌柄两部分。菌盖直径5～20厘米，呈贝壳形或舌状，褶长，延生，较密。子实体开始形成时，菌褶一直裸露在空气中，没有菌膜包围，菌褶似小刀片，由菌盖一直延伸到菌柄上部，形成脉状直纹。菌柄生于菌盖一侧（偏生或侧生），呈白色，中实，柄着生处下凹。孢子圆柱形，无色，光滑，一朵平菇可产数亿孢子。弹射孢子时，看起来好似一缕缕轻烟，呈烟雾状。

白 侧 耳

白侧耳，属于伞菌目侧耳科侧耳属，子实体中等至稍大；菌盖呈白色，平展，中部下凹呈漏斗形，干，肉质，近光滑；菌肉呈白色，无明显气味；菌褶呈白色，不等长；菌柄呈白色，圆柱状，实心，柄基部常数个联结一起。

红 侧 耳

红侧耳，又名红平菇、桃红平菇，属于伞菌目侧耳科侧耳属，菌肉呈粉红色，具有极高的观赏价值，含有大量的蛋白质，还含有多种氨基酸、维生素和矿物质，脂肪含量低，食用价值较高。

鲍鱼侧耳

鲍鱼侧耳，又名鲍鱼菇，属于伞菌目侧耳科侧耳属，菌盖呈扇形或半圆形，呈暗灰色至污褐色；菌褶延生，有横脉，宽，呈奶油色，有时呈现明显的灰黑色边缘；菌柄偏生，呈白色或浅灰白色，质地致密，春至秋季生小果榕等树干的枯死处。

菌 核

猪苓的菌核

　　菌核是指某些真菌贮有营养的一团紧密交织的菌丝体，外层细胞壁厚，质坚硬，能抵抗不良环境，大小不一。在适宜的环境条件下，从菌核上发生菌丝、子实体或子座，分别产生分生孢子、子囊孢子或担孢子而繁殖。如核盘菌及麦角菌，均以菌核越冬。茯苓、猪苓的菌核，可供药用。真菌生长到一定阶段，菌丝体不断地分化，相互纠结在一起形成一个颜色较深而坚硬的菌丝体组织颗粒。在形成初期为营养组织，到一定的阶段（即后期）能形成繁殖组织，即子实体。菌核的形状大小差别很大，小的如鼠粪，大的似人头，均很坚硬，可耐高温，低温及干燥保存，条件适宜时可萌发产生子实体。菌核是由菌丝紧密连接交织而成的休眠体，内层是疏松组织，外层是拟薄壁组织，表皮细胞壁厚、色深、较坚硬。菌核的功能主要是抵御不良环境。当环境适宜时，菌核能萌发产生新的营养菌丝或从上面形成新的繁殖体。

子　座

　　子座是某些高等真菌菌丝体形成的一种组织体，是菌丝分化形成的垫状结构，或是菌丝体与寄主组织或基物结合而成的垫状结构物，可由菌丝单独形成，也可由菌丝和寄主组织共同形成。子座形成后，在其内部或上部形成子实体。

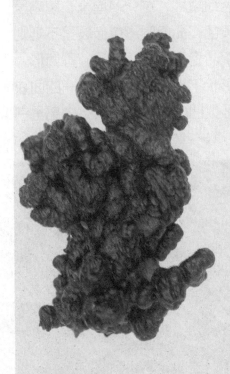

猪苓的菌核

薄壁组织

　　薄壁组织广泛分布在植物体内，主要存在于基质中，如茎、根的皮层和髓部，是成熟组织的一种，是由一群具有活的原生质体、初生壁较薄的细胞（薄壁细胞）组成的组织，主要与植物的光合作用、呼吸作用、贮藏养分，以及各类代谢物的合成和转化有关。

麦角的药用价值

　　麦角是麦角菌科麦角菌属的麦角菌在寄主植物上所形成的菌核，含有多种生物碱，重要的有麦角毒碱、麦角胺和麦角新碱，具有药用价值，但能引起中毒，慢性中毒见于服药过量。

猪苓

猪苓，属于担子菌亚门多孔菌目多孔菌科树花属，寄生于桦树、枫树、柞树、槭树、橡树的根上，主产于陕西、山西、河北、河南、云南等地。子实体幼嫩时可食用，味道十分鲜美。其地下菌核呈黑色、形状多样，是著名的中药，有利尿、治水肿的功效。猪苓含多糖，具有抗癌的功效。

猪苓的子实体很大，肉质、有柄、多分枝，末端生圆形白色至浅褐色菌盖，一丛直径可达35厘米；菌盖圆形，中部下凹近漏斗形，边缘内卷，被深色细鳞片，宽1～4厘米；菌肉呈白色，孔面呈白色，干后呈草黄色；孔口圆形或破裂呈不规则齿状，延生，平均每毫米2～4个。孢子无色，光滑，圆筒形，一端圆形，一端有歪尖。菌核形状不规则，呈大小不一的团块状，坚实，表面呈紫黑色，有多数凹凸不平的皱纹，内部呈白色，大小一般为（3～5）厘米×（3～20）厘米。

菌类植物

猪苓

茯　苓

　　茯苓，又名云苓、松苓、茯灵，为寄生在松树根上的菌类植物，属于多孔菌科茯苓属，多寄生于马尾松或赤松的根部，外皮呈黑褐色，里面呈白色或粉红色。古人称茯苓为"四时神药"，认为其具有利水渗湿、益脾和胃、宁心安神的功效。

云　芝

　　云芝，又名杂色云芝、黄云芝、灰芝、瓦菌、多色牛肝菌、千层蘑、彩纹云芝、彩云革盖菌，属于多孔菌科云芝属，为腐生真菌，主要野生于多种阔叶树木桩、倒木和枝上。子实体半圆伞状，硬木质，呈深灰褐色，外缘有白色或浅褐色边。

硫　黄　菌

　　硫黄菌，又名硫色多孔菌、鸡冠菌、鲑鱼菌，属于多孔菌科，多生长于落栎等阔叶树干基部，引起树干基部块状褐色腐朽。子实体无柄或基部狭窄似菌柄；菌盖半圆形，往往呈覆瓦状，肉质，老后干酪质，呈柠檬黄色或鲜橙色，后期褪色。

云芝

菌　根

　　菌根是某些真菌与高等植物根的共生复合体，有两种类型：菌丝分布在根部的细胞间隙，并在根表面交织成套状体的，称为"外生菌根"，如栎属；菌丝深入根部细胞内的，称"内生菌根"，如兰科和杜鹃科植物的菌根。菌根是真核生物之间实现共生关系的典型代表，作用主要是扩大根系吸收面，增加对原根毛吸收范围外的元素（特别是磷）的吸收能力。菌根真菌菌丝体既向根周土壤扩展，又与寄主植物组织相通，一方面从寄主植物中吸收糖类等有机物质作为自己的营养，另一方面又从土壤中吸收养分、水分供给植物。依据菌根的形态和结构特征，可将其分为外生菌根和内生菌根两类。其中，外生菌根菌丝体在根的外表形成菌套，部分菌丝侵入根皮层细胞间，形成致密的网状结构，包在皮层细胞外，通常不侵入皮层细胞内部。这种菌根在森林木本植物中特别普遍，如橡树、松树等；草本植物也有外生菌根（如荞麦等）。某些外生菌根真菌的生活史中所形成的子实体，能为人类提供食用和药用的菌类资源（如乳菇属、红菇属）。除内生菌根和外生菌根外，还有一类兼有外

兰科植物的根

生菌根和内生菌根的菌根类型，常见于木本植物，如由杂色牛肝菌与松树等形成的菌根就是典型的代表，这类菌根真菌在农业上有很重要的经济意义。

共　生

　　共生是指两种不同生物之间所形成的紧密互利关系。动物、植物、菌类以及三者中任意两者之间都存在"共生"。在共生关系中，一方为另一方提供有利于生存的帮助，同时也获得对方的帮助。

菌类植物是典型的共生植物

内　共　生

　　内共生是指在共生关系中，一种生物长在另一生物体内。这里的"体内"是指生物体的细胞之间或身体组织里面。鞭毛虫是内共生的典型例子。

外　共　生

　　外共生是指在共生关系中，一种生物长在另一种生物之外。某种生物长在另一种生物的消化道内属于外共生。

毛头乳菇

毛头乳菇

毛头乳菇，又名疝疼乳菇，属于担子菌门伞菌目红菇科乳菇属，夏秋季在林中地上单生或散生，属外生菌根菌，与榛、桦、鹅耳枥等树木形成菌根。此菌含胃肠道刺激物，食后引起胃肠炎或产生四肢末端剧烈疼痛等病症。此菌还含有毒蝇碱等毒素，潜伏期为30分钟至2小时，主要作用于副交感神经，中毒者出现大量流汗、吐唾液、流泪发冷、心跳减慢、血压降低、瞳孔缩小、眼花、视力弱、模糊不清，重者谵语、抽搐、昏迷，一般12～24小时后恢复正常。

毛头乳菇的子实体，含橡胶物质，中等；菌盖呈深蛋壳色至暗土黄色，具同心环纹，边缘具白色长绒毛，乳汁呈白色，不变色，味苦，直径4～11厘米，扁半球形，中部下凹呈漏斗状，边缘内卷；菌肉呈白色，伤处不变色；菌褶直生至延生，较密，呈白色，后期呈浅粉红色。孢子无色，有小刺，宽椭圆形。褶侧囊体披针状。

尖褶红菇

尖褶红菇，属于伞菌目红菇科红菇属，单生或散生于阔叶林中地上，可食用。子实体中等至稍大；菌盖平展中部下凹至近漏斗形，呈黄褐色；菌肉呈橙褐色；菌褶呈淡黄色，稍稀，直生，不等长，褶缘平滑；菌柄呈橙褐带粉色，圆柱形，基部稍膨大，内部实心。

葡紫红菇

葡紫红菇，属于伞菌目红菇科红菇属，是一种可食用的菌类，夏秋季生于针叶林或针栎林中地上。子实体较小；菌盖扁半球形，后展平，中部稍下凹，呈紫色或紫褐色；菌肉呈白色；菌褶呈白色，等长，直生或稍延生；菌柄呈白色，中部略膨大或向下渐细。

山毛榉红菇

山毛榉红菇，属于伞菌目红菇科红菇属，散生于阔叶林地上，可食用。子实体较大；菌盖扁半球形至中部下凹，呈红色；菌肉呈白色；菌褶呈浅黄色，等长；菌柄圆柱形，内部疏松至空心。

玫瑰红菇

菌类植物的无性繁殖

　　无性繁殖是指不经过两性生殖细胞的结合，由母体直接产生后代的生殖方式。无性繁殖过程中细胞进行的是无丝分裂而没有进行减数分裂，所以无性繁殖产生的后代能很好地保持亲本原有的形状。无性繁殖包括孢子生殖和组织培养，另外还有菌种的扩大、原生质体再生菌株等都属于无性繁殖的方式。

　　常见的无性孢子有三种类型：游动孢子形成于游动孢子囊内，无细胞壁，具1～2根鞭毛，释放后能在水中游动，孢子囊由菌丝或孢囊梗顶端膨大而成。孢囊孢子形成于孢囊孢子囊内，有细胞壁，无鞭毛，释放后可随风飞散，孢子囊由孢囊梗的顶端膨大而成。分生孢子产生于由菌丝分化而形成的分生孢子梗上，顶生、侧生或串生，形状、大小多种多样，单胞或多胞，无色或有色，成熟后从孢子梗上脱落。有些菌类植物的分生孢子和分生孢子梗还着生在分生孢子果内。孢子果主要有两

种类型，即近球形的具孔口的分生孢子器和杯状或盘状的分生孢子盘。

细胞分裂

细胞分裂是活细胞繁殖其种类的过程，是一个细胞分裂为两个细胞的过程。分裂前的细胞称为"母细胞"，分裂后形成的新细胞称为"子细胞"，包括细胞核分裂和细胞质分裂。

菌类植物

无丝分裂

无丝分裂是指分裂时没有纺锤丝和染色体变化的细胞分裂，在低等植物中普遍存在，在高等植物中也常见。人体大多数腺体都有部分细胞进行无丝分裂。

减数分裂

减数分裂是生物细胞中染色体数目减半的分裂方式，仅发生在生命周期某一阶段，是有性生殖的个体在形成生殖细胞过程中发生的一种特殊分裂方式。减数分裂是性细胞分裂时，染色体只复制一次，细胞连续分裂两次，染色体数目减半的一种特殊分裂方式。

菌类植物的有性繁殖

　　有性繁殖是通过两性生殖细胞结合而形成新个体的一种繁殖方式，其后代具备双亲的遗传特性。菌类植物的有性生殖包括质配、核配和减数分裂三个不同时期。常见的有性孢子有四种类型：卵孢子是卵菌的有性孢子，由两个异型配子囊——雄器和藏卵器接触后，雄器的细胞质和细胞核经授精管进入藏卵器，与卵球核配，最后受精的卵球发育而形成。接合孢子是接合菌的有性孢子，由两个配子囊以配子囊结合的方式融合成一个细胞，并在这个细胞中进行质配和核配后形成。子囊孢子是子囊菌的有性孢子。担孢子是担子菌的有性孢子。

　　有些低等菌类植物如根肿菌和壶菌产生的有性孢子是一种由游动配子结合成合子，再由合子发育而成的厚壁休眠孢子。

菌类植物

质 配

　　质配是指两个细胞（主要是生殖细胞）在融合最初发生的过程，严格地讲是细胞质融合。继质配后发生核配，而细胞融合完成。在担子菌种类中，这两个过程的发生，无论是时间上还是空间上都隔有一段距离。

菌类植物

核 配

　　核配是指性细胞核的融合，是真菌中准性周期的一个过程。在有性繁殖时核配的结果是形成受精卵或合子。多数植物在有性过程中其质配（细胞质的融合）和核配是相继进行的，但在子囊菌，特别是在担子菌中，两个细胞的细胞质融合和细胞核融合在时间上和空间上明显间隔开了。

受 精

　　受精是指卵子和精子融合成为一个合子的过程，是有性生殖的基本特征，普遍存在于动植物界。

菌类植物的药用价值

在众多菌类植物中，有很多品种都在现代医学上占有一席之地，具有很高的药用价值。这些药用菌类植物在中国都有上千年的应用历史，它们虽功效不同，但最大的优点，也是它们的共同点就是无毒副作用。近代医学研究表明，它们不仅具有传统的益气、强身、祛病、通经、益寿等功效，还具增强人体免疫力、抗肿瘤、抗癌的功效。还有一些菌类植物具有抗放射作用，对神经系统有镇静作用、安定作用和镇痛作用，对心血管系统有强心作用、对心肌缺血的保护作用和降血压作用，对呼吸系统有镇咳作用、祛痰作用、平喘作用和对慢性气管炎的治疗作用，对内分泌和代谢系统有降血糖作用，能够提高机体耐受急性缺氧能力，清除自由基延缓衰老。猴头菇在国内已广泛应用于医治消化不良、胃溃疡、十二指肠溃疡、食道癌、胃癌等消化系统疾病。猴头菇的药用价值主要表现在以下几个方面：抗溃疡和抗炎作用，抗肿瘤作用，保肝护肝作用，抗衰老作用，提高机体耐缺氧能力，增加心脏血液输出量，加速机体血液循环，降低血糖和血脂的作用。

奥氏蜜环菌

天　麻

天麻，属于兰科天麻属，多年生草本植物。地下块茎肥厚，是重要的中药材。茎直立，圆柱形，呈黄褐色，没有绿叶，叶鳞片状，膜质。总状花序顶生，花呈淡绿黄、蓝绿、橙红或黄白色。种子粉末状。

天麻

桑　黄

桑黄属于孔菌目多孔菌科，生于杨、柳、桦、栎等树干上，具有利五脏、排毒、止血、活血、和胃、止泻等功效。子实体无柄；菌盖扁半球形或马蹄形，木质，呈浅褐色至暗灰色或黑色。

蜜　环　菌

蜜环菌，又名榛蘑、臻蘑、蜜蘑、蜜环，属于伞菌目小皮伞科蜜环菌属。干燥的菌体具有特殊的芳香气味，可食用。子实体中等大；菌盖呈淡土黄色至浅黄褐色，老后呈棕褐色；菌肉呈白色；菌褶呈白色或稍带肉粉色；菌柄细长，圆柱形，稍弯曲，内部松软变至空心，基部稍膨大；菌环呈白色，生于柄的上部。

姬 松 茸

松茸

　　姬松茸，又名巴西蘑菇，原产于巴西、秘鲁，是一种夏秋生长的腐生菌，生活在高温、多湿、通风的环境中，具杏仁香味，口感脆嫩。姬松茸菌盖嫩，菌柄脆，口感极好，味纯鲜香，食用价值颇高，蛋白质组成中包括18种氨基酸，人体的8种必需氨基酸齐全，还含有多种维生素和麦角甾醇。其所含甘露聚糖对抑制肿瘤（尤其是腹水癌）、医疗痔瘘、增强精力、防治心血管病等都有疗效。

　　姬松茸的子实体粗壮，菌盖直径5～11厘米，初为半球形，逐渐变成馒头形最后平展，顶部中央平坦，表面有淡褐色至栗色的纤维状鳞片，盖缘有菌幕的碎片；菌盖中心的菌肉厚达11

毫米，边缘的菌肉薄，菌肉呈白色，受伤后变成淡橙黄色；菌褶离生，密集，宽8～10毫米，从白色转肉色，后变成黑褐色；菌柄圆柱状，中实，长4～14厘米，直径1～3厘米，上下等粗或基部膨大，表面近白色，手摸后变为近黄色；菌环以上最初有粉状至绵屑状小鳞片，脱落后平滑，中空；菌环大，上位，膜质，初呈白色，后呈淡褐色，膜下有带褐色棉屑状的附属物。孢子阔椭圆形至卵形，没有芽孔。菌丝无锁状联合。

松 口 蘑

松口蘑是松茸的学名，又名大花菌、松菌、剥皮菌等，属于伞菌目白蘑科口蘑属，秋季生于松林或针阔混交林地上，群生或散生，有时形成蘑菇圈。子实体散生或群生。松茸富含粗蛋白、粗脂肪、粗纤维和多种维生素，食用价值极高。

假松口蘑

假松口蘑，又名青杠松茸、青杠菌，属于伞菌目白蘑科口蘑属，秋季生于榛、蒙古栎、石栎等壳斗科树林下，可食用，具清香气味。子实体中等大；菌盖初期半球形至扁半球形，后期稍平展，中部稍凸，近边缘色浅，呈淡灰黄色、淡黄色、奶油色至污白色，中部呈暗色。

欧洲松口蘑

欧洲松口蘑属于伞菌目白蘑科口蘑属，夏秋季生于栎或针叶林沙质土地上，具有肉桂香气，可食用。子实体中等至较大；菌盖扁半球形，老后向上伸展，呈棕褐色；菌肉呈白色，较厚，气味香；菌柄圆柱形，下部稍弯曲。

菌类植物的食用价值

蜜环菌

　　可食用的菌类植物营养丰富、口感鲜爽、风味独特。野生菌类植物中含有丰富的单糖、双糖和多糖，能够显著提高机体免疫系统的功能。野生菌类植物的蛋白质含量大大超过其他普通蔬菜，同时避免了动物性食品的高脂肪、高胆固醇危险。据测定，菌类所含蛋白质占干重的30％～45％，是大白菜、白萝卜、番茄等普通蔬菜的3～6倍。野生菌类植物不仅蛋白质总量高，而且组成蛋白质的氨基酸种类也十分齐全，有17～18种。尤其是人类必需的8种氨基酸，几乎都可以在野生菌类植物中找到。丰富的蛋白质提供鲜味，这也是野生菌类植物口味鲜美的奥妙所在。野生菌类植物的营养价值之所以高，还在于它含有多种维生素，尤其是水溶性的B族维生素和维生素C，脂溶性的维生素D含量也较高。野生菌类植物中的铁、锌、铜、硒、铬含量较多，经常食用野生菌类植物既可补充微量元素的不足，又克服了盲目滥用某些微量元素强化食品而引起的微量元素流失。菌类不同部位，营养物质的含量也有差异，通常菌盖比菌柄营养丰富，新鲜幼嫩的子实体营养成分最为丰富。

滑　菇

　　滑菇属于伞菌目球盖菇科鳞伞属，是重要的栽培菌种之一，多生长于壳斗科等阔叶树的倒木或树桩上，含有丰富的蛋白质、纤维素和多糖，能提高人体的免疫力，具有极高的食用价值和药用价值。子实体丛生；菌盖表面呈黄褐色，中部呈红褐色。

白灵菇

　　白灵菇，又名阿魏蘑、阿魏侧耳、阿魏菇，属于伞菌目侧耳科侧耳属，是重要的栽培菌种之一，含有蛋白质、氨基酸、多种维生素和无机盐等营养物质，能提高人体的免疫力。菇体洁白。

褐疣柄牛肝菌

蛋白质

　　蛋白质是生物体的主要组成物质之一，是生命活动的基础，是由多种氨基酸结合而成的长链状高分子化合物。含有全部必需氨基酸的蛋白质，称为"完全蛋白质"；组成中缺少一种或几种必需氨基酸的蛋白质，称为"不完全蛋白质"。

羊肚菌

　　羊肚菌，又名羊肚菜、羊肚蘑，属于子囊菌亚门盘菌目羊肚菌科羊肚菌属，生长于阔叶林或针叶林地上，单生或群生。因其菇盖表面凹凸不平，形态酷似羊肚（胃）而得名。羊肚菌含有丰富的蛋白质、多种维生素及20多种氨基酸，味道鲜美，营养丰富，还富含抑制肿瘤的多糖，抗菌、抗病毒的活性成分，具有增强机体免疫力、抗疲劳、抗病毒、抑制肿瘤等诸多作用。中医认为，羊肚菌性平，味甘寒，无毒；有益肠胃、助消化、化痰理气、补肾壮阳、补脑提神等功效。

　　羊肚菌的子实体肉质稍脆；菌盖近球形至卵形，长3.5～9.5厘米，直径2.5～6厘米，表面有许多的小凹坑，外观似羊肚；小凹坑不规则形或近圆形，呈白色、黄色至蛋壳色，干后变成褐色或黑色；棱纹色较淡，纵横交叉，不规则的近圆形网眼状；小凹坑内表面布以由子囊及侧丝组成的子实层；菌

柄粗大，着色稍比菌盖淡，呈近白色或黄色，长5～8.5厘米，直径1.5～4.3厘米，幼时上表面有颗粒状突起，后期变平滑，基部膨大且有不规则的凹槽，中空。

多　糖

　　多糖类物质不是一种纯粹的化学物质，而是聚合程度不同的物质的混合物，包括糖原、淀粉、氨基聚糖（如透明质酸）和纤维素，一般不溶于水，没有甜味，不能形成结晶，可以水解。

羊肚菌

超氧化物歧化酶

　　超氧化物歧化酶的英文简写为"SOD"，是一种源于生命体的活性物质，能消除生物体在新陈代谢过程中产生的有害物质，具有抗衰老的作用，广泛分布于生物界中，从动物到植物都有超氧化物歧化酶的存在。

植物活性成分

　　构成植物体内的物质除水分、糖类、蛋白质类、脂肪类等必要物质外，还包括其次生代谢产物（如萜类、黄酮、生物碱、甾体、木质素、矿物质等）。这些物质对人类以及各种生物具有生理促进作用，故名"植物活性成分"。

金顶侧耳

金顶侧耳，又名榆黄蘑、金顶蘑，属于担子菌亚门伞菌目口蘑科侧耳属，可以食用，味道较好，现已人工栽培，秋季丛生在榆树、栎树等阔叶树倒木、伐桩和原木上。榆黄蘑营养成分很高，含有大量蛋白质、脂肪、糖类和矿物质，以及多种维生素和增鲜剂谷氨酸钠等有机物质，有"素肉"之称，具有润肺生津、补益肝肾、滋补健身、化痰定喘、平肝健胃、降压减脂和抗肿瘤等功效。

金顶侧耳的子实体一般中等大；菌盖初扁半球形，呈草黄色至蛋黄色，展开后因菌柄着生位置的不同而形态各异，最后呈漏斗形、偏漏斗形、扁扇形，宽3～10厘米；菌盖面光滑，呈鲜艳的黄色；菌肉呈白色，皮下呈淡黄色，薄而细密，有清香；菌褶延生，呈白色带黄色，幅宽，稍密，常于菌柄上形成沟状；菌柄偏生至近中生，呈白色带黄色，近圆柱形，向上渐细，基部常相连成簇。担子果丛生或叠生。

菌类植物

96

亚侧耳

环柄侧耳

环柄侧耳，又名凤尾菇、环柄斗菇、印度鲍鱼菇，属于伞菌目侧耳科侧耳属。子实体单生或丛生；菌盖扇形、肾形、半圆形或圆形，初内卷，后反卷，成熟时波曲，呈棕灰色或灰褐色；菌肉厚度中等，呈白色；菌柄呈白色，多数侧生，上粗下细，基部无绒毛。

桃红侧耳

桃红侧耳，又名桃红平菇，属于伞菌目侧耳科侧耳属，夏秋季在阔叶树枯、倒木、树桩上叠生或近丛生。子实体中等大；菌盖初期贝壳形或扇形，边缘内卷，后伸展边缘呈波状，幼时呈粉红色，后变为浅土黄色。

佛罗里达侧耳

佛罗里达侧耳，又名佛罗里达平菇，属于伞菌目侧耳科侧耳属，夏秋生于杨树、栎树等阔叶树的枯木上。子实体覆瓦状丛生；菌盖在低温时呈白色，在高温时呈青蓝色，后转为黄色至白色，初半球形，边缘完整，后平展成扇形或浅漏斗形，边缘不齐或有深缺刻。

金顶侧耳

食 用 菌

　　食用菌是指能形成显著的肉质或胶质的子实体和菌核类组织并能供人们食用或药用的一类大型真菌。广义的食用菌通常还包括小型的食用菌，如酵母菌、脉孢霉和曲霉等。大型食用菌一般形体较大，肉眼可见，多为肉质、膜质或胶质，如香菇、黑木耳、双孢菇、姬松茸等，部分食用菌往往也具有药用价值。自然界中有着丰富的食用菌资源，它们不但种类多，而且分布广泛。到目前为止，全世界已发现的食用菌有2000多种，中国已报道的有980种，其中具有经济价值的达50多种，能形成大规模商业性栽培的有20多种，如香菇、平菇、木耳和灵芝等。

　　食用菌在条件适宜时形成子实体，成为人们喜食的佳品。

金顶侧耳

凭经验区别野生食用菌和毒菇时，也是以子实体的外形和颜色等为依据。食用菌在菌丝生长阶段并不严格要求潮湿条件，但在出菇或出耳时，环境中的相对湿度则需在85%以上，而且需要适合的温度、通风和光照。

食用菌不仅味美，而且营养丰富，常被人们称作健康食品，如香菇不仅含有各种人体必需的氨基酸，还具有降低血液中的胆固醇、治疗高血压的作用，近年来还发现香菇、蘑菇、金针菇、猴头中含有增强人体抗癌能力的物质。

酵母菌

酵母菌是子囊菌、担子菌等几科单细胞真菌的通称，可用于酿造生产，有的为致病菌。酵母菌是人类文明史中被应用得最早的微生物，可在缺氧环境中生存，在自然界分布广泛，主要生长在偏酸性的潮湿的含糖环境中。

脉孢霉

脉孢霉，又名串珠霉、链孢霉、红色面包霉，有性世代属于粪壳霉目粪壳霉科，无性世代属于丝孢目丝孢科链孢霉属，是危害食用菌的菌类，借气流和风传播。

真姬菇

真姬菇，又名玉蕈、斑玉蕈，属于伞菌目白蘑科玉蕈属，具有海蟹味，是优良的食用菌品种，含有纤维素、碳水化合物、磷、铁、锌、钙、钾、钠等营养元素，其维生素含量高于其他菇类。

茶 树 菇

　　茶树菇，又名茶薪菇、杨树菇、柳松茸，属于担子菌亚门伞菌目粪伞科田头菇属，是优良的食用菌品种，味道鲜美，主要分布在北温带，亚热带地区也有分布，热带地区罕见，极冷或极热的气候条件都不适合茶树菇生长。茶树菇营养丰富，蛋白质含量高达19.55％，含有18种氨基酸，并且有丰富的B族维生素和钾、钠、钙、镁、铁、锌等矿质元素。中医认为，茶树菇性平、甘温、无毒，有健脾止泻、益气开胃等功效，具有补肾滋阴、健脾胃、提高人体免疫力的功效。

　　茶树菇属伞菌目粪伞科田蘑属。子实体单生，双生或丛生，菌盖直径5～10厘米，表面平滑，初呈暗红褐色，有浅皱纹；菌肉呈白色，有纤维状条纹，中实；菌柄在成熟期变硬，附暗淡黏状物，长4～12厘米，呈淡黄褐色；菌环呈白色，上位着生，残留在菌柄上或附于菌盖边缘自动脱落。

菌类植物

茶树菇

粪 锈 伞

粪锈伞，属于伞菌目粪锈伞科粪锈伞属，春季至秋季在牲畜粪上或肥沃地上单生或群生。子实体较小；菌盖近钟形；菌肉很薄；菌褶近弯生，呈深肉桂色，褶沿色淡。该菌有毒，不可食。

灰 树 花

灰树花，又名舞茸、千佛菌、栗子蘑、莲花菇，属于非褶菌目多孔菌科树花菌属，夏秋季生于栎树、板栗、栲树、青冈栎等壳斗科树种和阔叶树的树桩或树根上。子实体肉质，短柄，呈珊瑚状分枝；菌盖重叠成丛，呈灰色至浅褐色；菌肉呈白色。

柔锥盖伞

柔锥盖伞，又名柔弱锥盖伞，属于伞菌目锈伞科锥盖伞属，夏秋季单个或成群生长在林间草地上或路旁草丛中，有毒，不能食用。子实体细小，呈黄褐色至浅红褐色；菌盖钟形至斗笠形；菌肉很薄；菌褶直生，较密，呈黄褐色至锈色，不等长；菌柄细长，同盖色，易折断。

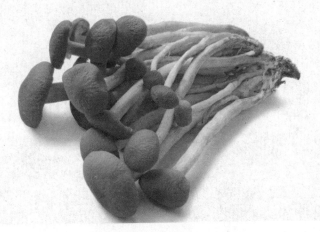

榛蘑

  榛蘑为真菌植物门真菌蜜环菌的子实体，是迄今为止为数不多的被人们所认知但仍然无法人工培育的野生菌类。榛蘑滑嫩爽口、味道鲜美、营养丰富，被一些发达国家列为一类食品。榛蘑伞形，呈淡土黄色，老后呈棕褐色。榛蘑7～8月生长在针阔叶树的干基部、代根、倒木及埋在土中的枝条上，一般多生在浅山区的榛柴岗上，故而得名"榛蘑"。榛蘑富含钙、磷、铁等微量元素，蛋白质、胡萝卜素、维生素C等营养成分是一般蔬菜的十几倍。榛蘑本身富含油脂，使所含的脂溶性维生素更易为人体所吸收，对体弱、病后虚羸、易饥饿的人都有很好的补养作用，本身有一种天然的香气，具有开胃的功效，丰富的纤维素还有助消化和防治便秘的作用，还具有降低胆固醇的作用，避免了肉类中饱和脂肪酸对身体的危害，能够有效

榛蘑

地防止心脑血管疾病的发生。

蜜环菌的子实体中等大，肉质，丛生或单生；菌伞初为半球形，以后平展，伞面呈浅土黄色，覆有暗色细鳞；菌髓呈白色；菌柄呈圆柱形，基部稍膨大，表面稍呈白色，有条纹，内部松软，呈浅褐色；菌褶直生，近白色，后期变为深色。孢子椭圆形，无色，光滑。

榛

榛为落叶灌木或小乔木，属于壳斗目桦木科榛属，常见于山地阴坡灌丛中。榛的果实称为"榛子"，果皮坚硬，含有多种营养元素，是重要的食用坚果品种。

脂溶性维生素

脂溶性维生素是溶于有机溶剂而不溶于水的一类维生素，包括维生素A、维生素D、维生素E、维生素K。这类维生素能被动物贮存。

饱和脂肪酸

饱和脂肪酸是由一条长的饱和烃链和一个末端羧基构成的脂肪酸。膳食中的饱和脂肪酸多存在于动物脂肪及乳脂中，这些食物也富含胆固醇。植物中富含饱和脂肪酸的有椰子油、棉籽油和可可油。

榛蘑

有毒的菌类植物的危害

　　不同种类的毒菌，会引起不同的中毒症状，常见的症状有呕吐、腹泻、极度口渴、盗汗、痉挛、晕眩、失明、体温下降等。菌类中毒的类型主要有胃肠中毒型、神经精神型、溶血型、肝脏损害型、呼吸与循环衰竭型、光过敏性皮炎型。

　　有些真菌能使人患病，误食毒蘑菇甚至可能导致中毒者死亡，鹅膏科的有些毒蘑菇可麻痹神经使人产生幻觉，国外有人用它代替毒品吸食。蝇伞菌含有的毒素能导致错觉及幻觉，大剂量可以导致出现严重的危险。山丝膜菌没有与众不同的特征，这使它很容易被误认为是可食用蘑菇。奥地利的森林里生长着欧洲最毒的菌类——死亡菌盖，11克足以毒死成人。如果菜肴里含有死亡菌盖，那么每个吃过这道菜的人都会处在危险

菌类植物

104　白毒鹅膏菌

中。更糟的是，中毒症状要到8～10个小时后才会出现，最初的症状是恶心、呕吐和腹泻，持续的恶心和腹泻无疑表明不能再拖延治疗了。

胃肠中毒型

　　胃肠中毒型是最常见的中毒类型，中毒潜伏期较短。中毒者一般多在食后10分钟至6小时发病，主要表现为急性恶心、呕吐、腹痛、水样腹泻，或伴有头昏、头痛、全身乏力，一般病程短、恢复较快，预后较好，死亡者很少，但严重者会出现吐血、脱水、电解质紊乱、昏迷，以及急性肝、肾衰竭而死亡。

神经精神型

　　引起神经精神中毒的毒素有多种，有些毒素可引起类似吸毒的致幻作用，中毒症状包括神经兴奋、神经抑制、精神错乱，以及各种幻觉反应。此类症状可在发病过程中交替出现，或仅有部分反应，有的中毒者还可伴有胃肠炎症状。

芥黄鹅膏菌

溶血型

　　含这类毒素的毒蘑菇中毒潜伏期比较长。中毒者一般在食后6～12小时发病，除了有恶心呕吐、腹痛或头痛、烦躁不安等病症外，可在1～2天内由于毒素大量破坏红细胞而迅速出现溶血症状，主要表现为急性贫血、黄疸、血红蛋白尿、肝及脾脏肿大等。

亚稀褶黑菇

亚稀褶黑菇，又名毒黑菇、火炭菇，属于担子菌亚门伞菌目红菇科红菇属，夏秋季在阔叶林中及混交林地上分散或成群生长，属树木的外生菌根菌。此种毒菌误食中毒发病率在70%以上，半小时后发生呕吐等，死亡率达70%，属"呼吸循环害损型"。食用者2～3天后出现急性血管内溶血、小便酱油色、急性溶血等症状，最终导致急性肾衰竭。死者多是中枢性呼吸衰竭或中毒性心肌炎所致。

亚稀褶黑菇的子实体中等大；菌盖呈浅灰色至煤灰黑色；菌盖直径6～11.8厘米，扁半球形，中部下凹呈漏斗状，表面干燥，有微细绒毛，边缘色浅而内卷，无条棱；菌肉呈白色，受伤处变为红色而不变成黑色；菌褶直生或近延生，呈浅黄白色，受伤后变为红色，稍稀疏，不等长，厚而脆，不分叉，往往有横脉；菌柄椭圆形，长3～6厘米，粗1～2.5厘米，较菌盖色浅，内部实心或松软；褶侧和褶缘囊体披针形或近梭形。孢子近球形，有疣和网纹，无色。

密褶黑菇

鹿花菌

鹿花菌，又名鹿花蕈、河豚菌，属于盘菌目平盘菌科鹿花菌属，生长在针叶林的沙质土壤上，于春天及初夏长成，气味芬芳，味道清淡，食用未处理的鹿花菌可以致命。菌盖不规则，很像脑部，呈红色、紫色、枣色或金褐色。

常绿植物

常绿植物没有明显的落叶期和休眠期，一般为多年生木本，一年四季都有落叶，分为常绿阔叶树和常绿针叶树两类，常见常绿植物有油松、马尾松、红松、杜鹃、山茶、栀子、木兰、椰子、桑树、榕树等。

繁殖器官

植物通过一定的方式，产生新的个体的过程称为"繁殖"，主要分为有性繁殖和无性繁殖。与植物繁殖有关的器官称为"繁殖器官"，其中，与被子植物有性繁殖有关的器官是花、果实和种子。

苞叶杜鹃

毒蘑菇的识别方法

　　在野外采集蘑菇时，应避开长有白色菌褶，茎基部有菌托（环状附着圈）以及带菌环茎上的真菌。伞状真菌中任何切开的伤口处菌肉变黄的种类都不要食用。避开任何正发生腐败的真菌。除非能确认是可食种类，否则扔掉。可食用的无毒蘑菇多生长在清洁的草地或松树、栎树上，有毒蘑菇往往生长在阴暗、潮湿的肮脏地带。有毒蘑菇菌面颜色鲜艳，有红、绿、墨黑、青紫等颜色，特别是紫色的往往有剧毒，采摘后易变色。无毒的菌盖较平，伞面平滑，菌面上无轮，下部无菌托，有毒的菌盖中央呈凸状，形状怪异，菌面厚实板硬，菌杆上有菌轮，菌托细长或粗长，易折断。将采摘的新鲜野蘑菇撕断，无毒的分泌物清亮如水（个别为白色），菌面撕断不变色；有毒

　灯芯草

的分泌物稠浓，呈赤褐色，撕断后在空气中易变色。无毒蘑菇有特殊香味，有毒蘑菇有怪异味，如辛辣、酸涩、恶腥等味。在采摘野蘑菇时，可用葱在蘑菇盖上擦一下，如果葱变成青褐色，证明有毒，反之不变色则无毒。在煮野蘑菇时，放几根灯芯草，有些大蒜或大米同煮，蘑菇煮熟，灯芯草变成青绿色或紫绿色则有毒，变黄者无毒；大蒜或大米变色有毒，没变色仍保持本色则无毒。取采集或买回的可疑蘑菇，将其汁液取出，用纸浸湿后，立即在上面加一滴稀盐酸或白醋，若纸变成红色或蓝色则有毒。

灯 芯 草

灯芯草，又名龙须草、野席草、马棕根、野马棕，为多年生草本水生植物，属于灯心草科灯心草属。根茎横走；茎簇生，直立，细柱形；叶片退化呈刺芒状；穗状花序顶生，在茎上呈假侧生状，基部苞片延伸呈茎状。灯芯草的茎髓或全草入药，具有清热、利水渗湿的功效。

盐 酸

盐酸的学名为"氢氯酸"，是氯化氢的水溶液。盐酸是一种常见的化学品，胃酸的主要成分也是盐酸。浓盐酸具有极强的挥发性和腐蚀性。

白 醋

白醋是醋的一种，除了含有3%～5%的醋酸，其余部分均为水，以蒸馏过的酒发酵制成，或直接用食品级别的醋酸兑制，无色，味道单纯，主要用于烹调，具有改善和调节人体的新陈代谢的功效。

臭黄菇

臭黄菇，又名鸡屎菌、油辣菇、黄辣子、牛犊菌、牛马菇，属于担子菌亚门伞菌目红菇科红菇属，夏秋季在松林或阔叶林地上群生或散生。此菌味辛辣，具臭味，有毒，毒性潜伏期短，发病快。中毒者一般可于食后半小时左右即发病，主要出现胃肠道症状，如剧烈恶心、呕吐、腹痛、腹泻等；有的还出现精神错乱、头晕眼花、乱说乱唱，严重者面部抽搐、牙关紧闭、视力减弱、昏睡，一般病程较短，如经及时治疗，可很快痊愈。该菌子实体含有橡胶物质，可利用此菌合成橡胶。

臭黄菇的子实体中等大；菌盖呈土黄至浅黄褐色，表面黏至黏滑，边缘有小疣组成的明显粗条棱，直径7～10厘米，扁半球形，平展后中部下凹，往往中部呈土褐色；菌肉呈污白色，

质脆，具腥臭味，麻辣苦；菌褶呈污白至浅黄色，常有深色斑痕，一般等长，弯生或近离生，较厚；菌柄较粗壮，圆柱形，长3～9厘米，粗1～2.5厘米，呈污白色至淡黄褐色，老后常出现深色斑痕，内部松软至空心；褶侧囊体近梭形。孢子印呈白色，孢子无色，近球形，有明显小刺及棱纹。

虎斑口蘑

虎斑口蘑，又名虎皮蘑，属于伞菌目白蘑科口蘑属，夏秋季在针叶林及阔叶林中地上成群生长，有毒，误食后产生剧烈的胃肠道病症。子实体中等大；菌盖具明显的大鳞片，表面呈浅灰色，中央颜色较深，具成束的纤毛状鳞片；菌肉呈白色，味苦；菌褶稍密，呈乳黄色，后变为灰黄色，弯生，不等长。

毒光盖伞

毒光盖伞，属于伞菌目球盖菇科光盖伞属，夏秋季在林中地上、路旁等处的牲畜粪肥上成群生长，有时成丛生长，有毒，中毒后人会产生精神异常兴奋、烦躁不安、幻觉等反应。子实体较小；菌盖初期近锥形，呈褐色、带红褐色或变浅灰绿色；菌褶直生至凹生，呈浅灰紫褐色；菌柄柱形。

毒粉褶菌

毒粉褶菌，属于伞菌目粉褶菌科粉褶菌属，夏秋季在混交林地往往大量成群或成丛生长，有时单个生长。子实体较大；菌盖呈污白色；菌肉呈白色，稍厚；菌柄呈白色至污白色，上部有白粉末，表面具纵条纹，基部有时膨大。人中毒后，病毒潜伏期约半小时，甚至长达6小时。

毒 红 菇

沼泽红菇

毒红菇，又名呕吐红菇，属于担子菌亚门伞菌目红菇科红菇属，属外生菌根菌，与多种树木形成菌根。毒红菇外观与红菇相近，但其子实体一般较小，夏秋季在林中地上散生或群生。中毒者主要出现胃肠炎症，如剧烈恶心、呕吐、腹痛、腹泻，一般采取催吐治疗，严重者面部肌肉抽搐、心脏衰弱或血液循环衰竭而死亡。

毒红菇的子实体一般较小；菌盖5～9厘米，扁半球形，后变平展，老时下凹，黏，光滑，呈浅粉红至珊瑚红色，边缘色较淡，有棱纹，表皮易剥离；菌肉薄，呈白色，近表皮处呈红色，味苦；菌褶等长，呈纯白色，较稀，凹生，褶间有横脉；菌柄圆柱形，呈白色或粉红色，4～8厘米，粗1～2厘米，内部松软。孢子印呈白色，孢子无色，近球形，有小刺。囊状体披针形，突出子实层部分8～18微米。褶侧囊体近披针形或近梭形。

红　　菇

　　红菇，又名真红菇、大红菇，属于伞菌目红菇科，夏秋季在林中地上群生或单生，营养丰富，可食用，具有补虚养血、滋阴、清凉解毒的功效。子实体一般中等大；菌盖初扁半球形后平展中部下凹，中部呈深红至暗（黑）红色，边缘较淡呈深红色，盖缘常见细横纹。

子　实　层

　　子实层常见于子囊菌类或担子菌类的子实体上。在担子菌类的子实层中，担子往往混有不同发生来源的各种形态的细胞。一般将这些细胞称为"隔胞"；将与子实层连接的内部菌丝层称为"子实下层"。

菌褶与菌柄连接的方式

　　菌褶与菌柄连接的方式是分类的重要依据之一。离生：菌褶不与菌柄连接，因而在菌褶与菌柄之间有距离。弯生：菌褶与菌柄连接处稍微向上弯。直生：菌褶直接与菌柄连接，不向下延长，也不向上弯曲。延生：菌褶沿菌柄向下延伸。

毒红菇

113

豹斑毒鹅膏菌

豹斑毒鹅膏菌，又名豹斑毒伞、白籽麻菌、斑毒伞、假芝麻菌、斑毒菌，属于担子菌亚门伞菌目鹅膏菌科鹅膏菌属，夏秋季在阔叶林或针叶林中地上成群生长，含有与毒蝇鹅膏菌相似的毒素及豹斑毒伞素等毒素。中毒者食用后0.5～6小时之间发病，主要表现为副交感神经兴奋，呕吐、腹泻、大量出汗、流泪、流涎、瞳孔缩小、感光消失、脉搏减慢、呼吸障碍、体温下降，四肢发冷等，中毒严重时出现幻视、谵语、抽搐，昏迷，甚至有肝损害和出血等，一般很少死亡。此菌是树木的外生菌根菌，与云杉、雪松、冷杉、黄杉、栗、栎、鹅耳枥、椴等树木形成菌根。

豹斑毒鹅膏菌的子实体中等大；菌盖初期扁半球形，后

期渐平展，直径7.5～14厘米，表面呈褐色或棕褐色，有时呈污白色，散布白色至污白色的小斑块或颗粒状鳞片，老后部分脱落，盖缘有明显的条棱，湿润时表面较黏；菌肉呈白色；菌褶呈白色，离生，不等长；菌柄圆柱形，长5～17厘米，粗0.8～2.5厘米，表面有小鳞片，内部松软至空心，基部膨大有几圈环带状的菌托；菌环一般生长在中下部。孢子印呈白色，孢子光滑无色，宽椭圆形，非糊性反应。

毒 蝇 伞

毒蝇伞，又名毒蝇鹅膏菌、蛤蟆菌，是一种含有神经性毒害的担子菌门真菌，属于伞菌目鹅膏菌科鹅膏菌属，在松林里与松树等植物共生。菇体呈深红色，菌褶呈白色，具白色斑点。

黄丝盖伞

黄丝盖伞，又名黄毛锈伞，属于伞菌目丝膜菌科丝盖伞属，夏秋季在林中或林缘地上单独或成群生长，有毒，不能食用。子实体较小，呈黄褐色；菌盖表面具辐射状条纹及丝光，后期边缘常开裂，一般呈钟形开伞后中部凸起，呈谷黄色、黄褐色至深黄褐色；菌肉呈白色。

花 褶 伞

花褶伞，又名笑菌、舞菌、网纹斑褶菇，属于伞菌目鬼伞科花褶伞属，春至秋季在牛、马粪或肥沃的地上成群生长。子实体小；菌盖小，半球形至钟形，呈烟灰色至褐色，顶部呈蛋壳色或稍深，有皱纹或裂纹，干时有光泽，边缘附有菌幕残片，后期残片往往消失。

赭鹿花菌

　　赭鹿花菌，又名头套状鹿花菌，属于担子菌亚门盘菌目马鞍菌科鹿花菌属，有毒，赭鹿花菌吃进腹中一开始或许没有其他蘑菇那样致命，但经过较长时间的积累会逐渐对人体产生有害影响，可能是一种致癌物。中毒者一般食后6～12小时发病，首先出现腹痛、腹泻等胃肠道病症，主要表现为溶血症状。一旦误食足以致命。鹿花菌因回旋状表面被称为"大脑蘑菇"。与其他许多种毒蘑菇不同，鹿花菌通常会引起神经性症状，包括昏迷和肠胃不适。

　　赭鹿花菌的子囊果中等大；菌盖皱曲呈大脑状，呈褐色、咖啡色或褐黑色，表面粗糙，高达8～10厘米，边沿有部分与菌柄连接；菌柄短粗，呈污白色，内部空心，表面粗糙而凸凹

　　毒粉褶菌

不平，有时下部埋在土或其他基物里，长达4～5厘米，粗达0.8～2.5厘米。子囊中孢子单行排列，孢子椭圆，含两个小油滴。侧丝分叉细长，有隔，顶部膨大有色。

风对植物的影响

风是由空气流动所形成的，可以改变气温和湿度，对植物既有益又有害，能使大气中的二氧化碳的含量分布均匀，还有助于花粉传播。但强烈的风能使作物倒伏，甚至摧折树木。干燥的风能导致植物枯萎。在寒冷季节，风能加重冻害。

腐　殖　土

腐殖土是指植物的茎、叶、残体等经过微生物的发酵活动而形成的营养土，通气、透水、保水、保肥的能力都很强，含有大量的有机物质、腐殖酸等物质。在树林中，由于多年的风化，会形成大量的腐殖土。

鳞柄白毒鹅膏菌

光合作用的定义

光合作用是指绿色植物吸收阳光的能量，将二氧化碳和水合成有机物质，并释放氧气的过程。全过程分为光反应和暗反应两个过程。绿色植物通过光合作用将无机物质转变成有机物质，维持了大气中氧气和二氧化碳的相对平衡。

裂丝盖伞

裂丝盖伞

　　裂丝盖伞，又名裂丝盖菌、裂盖毛锈伞，属于担子菌亚门伞菌目丝膜菌科丝盖伞属，夏秋季成群或单独生长在林中或道旁树下地上，分布极广泛，与栎、榆、柳、杨等多种树木形成外生菌根。中毒潜伏期为0.5～2小时，主要产生神经精神病状，如大汗、流涎、瞳孔缩小、视力减弱、发冷发热、牙关紧闭或小便后尿道刺痛、四肢痉挛，有的精神错乱。有的中毒者甚至因大量出汗引起虚脱而死亡。急救时，应采取早期催吐，或用阿托品。

　　裂丝盖伞的子实体小；菌盖直径3～6厘米，呈淡乳黄色至黄褐色，表面密被纤毛状或丝状条纹，初期近圆锥形至钟形或斗笠形，中部色较深，干燥时龟裂，边缘多放射状开裂；菌肉呈白色；菌褶凹生近离生，呈淡乳白色或褐黄色，较密，不等长；菌柄圆柱形，长2.5~6厘米，粗0.5~1.5厘米，上部呈白色有小颗粒，下部呈污白至浅褐色并有纤毛状鳞片，常扭曲和纵裂，实心，基部稍膨大；褶侧囊体瓶状，顶端有结晶。孢子印呈锈色，孢子呈锈色，光滑，椭圆形或近肾形。

能　量

　　自然界中的一切过程都服从能量守恒定律，物体要对外界做功，就必须消耗本身的能量或从别处得到能量的补充。植物体内的一些物质在分解时能够释放能量。能量分为机械能、分子内能、电能、化学能、核能等。

裂丝盖伞

泥　炭　土

　　在长期积水的条件下，由湿生植物形成的土壤称为"泥炭土"。这种土壤的含水量和有机质的含量较高，碳氮比为14:20，pH值为5.5~8.0。泥炭土适合作为育苗或蕨类植物的基质。

散　射　光

　　太阳光分为直射光和散射光。大气中存在的大量漂浮物质，对直射的太阳光起到发散作用，这样就形成了散射光。一般阴天或遮阴下的阳光均为散射光。植物吸收散射光也能进行光合作用，但光合作用较弱。

蘑菇中毒的急救方法

及时采用催吐、洗胃、导泻、灌肠等方法以迅速排除尚未吸收的毒物。尤其对误食毒伞、白毒伞等毒蘑菇者，其发病较迟缓，就诊时据食用有毒菌类在6小时以上，上述治疗仍有一定意义；洗胃灌肠后，可导入鞣酸、药用炭等药物以减少毒素的吸收。对各型中毒的肠胃炎期，应积极补液，纠正脱水、酸中毒和电解质紊乱。对有肝损害者，应给予保肝支持治疗；对有精神症状或有惊厥者，应予以镇静或镇惊药物治疗。可注射阿托品和羟基解毒药等。可食用物理催吐或药物催吐，先让病人服用大量温盐水，可用4％温盐水200～300毫升或1％硫酸镁200毫升，每次使用5～10毫升，然后用筷子或指甲不长的手指（最好用布包着指头）刺激咽部，促使呕吐。在医护人员的指导下，用硫酸铜、吐根糖浆，或注射盐酸阿扑吗啡等药用催

条纹毒鹅膏菌

吐。误食毒蘑后，应尽快设法排除毒物，除可用温盐水灌肠导泻外，对中毒后不呕吐的人，还要饮大量稀盐水或用手指按咽喉引起呕吐，用1％的盐水或浓茶水反复洗胃，以免机体继续吸收毒素。

阿 托 品

　　阿托品是从颠茄和其他茄科植物中提取出的一种有毒的白色结晶状生物碱，也可人工合成。阿托品能解除平滑肌的痉挛(包括解除血管痉挛，改善微血管循环)；抑制腺体分泌；解除迷走神经对心脏的抑制，使心跳加快；散大瞳孔，使眼压升高；兴奋呼吸中枢。

豹斑毒鹅膏菌

硫 酸 镁

　　硫酸镁，又名苦盐、泻利盐、泻盐，是一种含镁的化合物，在空气（干燥）中易风化为粉状。无水的硫酸镁是一种常用的化学试剂及干燥试剂。硫酸镁用作制革、炸药、造纸、瓷器、肥料，以及医疗上口服泻药等。

硫 酸 铜

　　硫酸铜为天蓝色或略带黄色粒状晶体，水溶液呈酸性，属保护性无机杀菌剂，对人畜比较安全，是制备其他铜化合物的重要原料。同石灰乳混合可得"波尔多溶液"，用作杀虫剂。